年業績八億日圓的導遊教你虜獲人心的奧祕

平田進也 著
林倩伃 譯

前言

相隔七年，我平田進也又有機會寫書了。

常參加我行程的旅客們，我們又見面了，真的很恭喜大家。

「擁有二萬多名粉絲，一年業績高達八億日圓的難波*資深導遊」雖然我常被眾人如此稱呼，但其實多虧了各位的協助，真的很謝謝大家如此幫忙。

至於碰巧在書店看到這本書的讀者，這也許就是我們命運的邂逅！也還是很恭喜大家。

那麼，各位是被什麼所吸引的呢？本書的標題？還是我俊俏的臉龐？我知道，我常被人這樣稱讚。

還是因為看到這個普通的上班族，竟然出書說明「虜獲人心的奧祕」，

*譯註：大阪地區舊稱「難波」。

感到不可思議才拿起這本書的呢？

沒錯，我的職稱是「日本旅行株式會社　西日本營業本部　個人旅行營業部部長」，是如假包換的上班族大叔，而我部門所企劃的旅遊商品，則擁有「趣味旅遊企劃　平田屋」的品牌名稱。

我當導遊至今已經三十四個年頭了，在這段時間內，我利用各種趣事逗笑旅客、穿上女裝炒熱氣氛，還設計出他人無法想到的旅遊行程，甚至還上了六百次以上的電視節目。目前更擁有二個常態廣播節目，並擔任主持人一職。**不過，我的確是個上班族。**

可以被多達二萬名顧客稱讚：「便宜的旅遊行程通常都很無趣，但如果可以和平田先生一起出去旅遊，多少錢我都願意出。無論是螃蟹吃到飽，還是遠至歐洲，我都想一起去！」這樣說起來，我也許稱得上是全日本最幸福的上班族吧！

我希望能推出前所未有的有趣行程，更想讓旅客感受到至今未曾有過的體驗，令所有人打從心裡感動。

就算說是因為我所擁有的「虜獲人心的奧祕」，讓這些旅遊行程變得更加生動，我也無法徹底否認。

就拿我對應旅客的例子來說好了，當旅遊的第一天，一大早搭上遊覽車時，我便會立刻拿起麥克風，準備逗大家笑。

「在這樣看起來似乎隨時都會下雨的美好陰天中，歡迎大家參加旅遊。真是恭喜各位了！」

「太太，您的妝化得還真完美啊！眼睛周圍都閃閃發亮呢！看起來應該很早起吧？花了多少時間化妝呢？二小時！花了二小時才畫成這樣嗎！」

經我這麼一說，全車氣氛熱鬧了起來，大家都開心地笑了。

我的粉絲大部分都是討人喜歡的關西歐巴桑……不，是小姐們。她們通常都很能理解我的搞笑，即使說了稍微刺耳的玩笑話，她們也會很開心地說：「平田先生，再多說一點啊！」

到了夜晚的宴席上，這些旅客見到扮成女裝的我，還會歡聲雷動，甚至笑到眼淚都要流出來了。因為實在太享受這些樂趣，所以往後還會繼續參加行程。而且還會帶著全家族或三五好友，不斷參加活動。只要仔細觀察，會發現連旅客們也互相認識了，真是令人感動。

坦白說，平田屋所推出的旅遊行程，通常都比其他旅行社的商品價格來得稍高。

只追求降低成本的行程，最後並無法創造任何回憶，也無法帶給旅客感動，往往會成為單純「出去又回來」的商品。我沒辦法推出這樣的行程，也不想這麼做。

另一方面，只要是物超所值，甚至還能令人打從心裡感動的行程，客人也不會吝於給予更多金錢。因為未曾體驗過的事物，是絕對無法換算成金錢價值的。

我的粉絲都非常了解我的這些原則，也真的非常支持我。正因如此，他們也不只有經濟上較為充裕，他們見多識廣，就某個角度來說，更是一群較為嚴格的消費者。

但我們是絕對不會讓顧客失望的。

然而，就算想創造一年業績八億日圓的旅遊行程，光會攬客也絕對無法成功。不管我在遊覽車上多麼搞笑、多常穿上女裝表演，只要旅遊景點索然無趣、餐點毫無特色，甚至旅館還十分糟糕，也吸引不了顧客。不斷重複一樣的活動內容，旅客總有一天也會厭倦的。

為了設計嶄新的行程、推出至今前所未見的旅遊商品，仍須透過在各地或觀光地努力的人們、合作夥伴的開拓才行，也就是說，邂逅是不可或缺的因素。

找到似乎可與平田屋合作，或者擁有吸引人魅力的對象時，究竟該如何與其聯繫，如何儘早與對方成為夥伴，並認真與其交涉呢？

其實，雖然我的二萬多名顧客無法見到，但這些工作仍是支撐起我的一大關鍵。

這些都是商務上的交涉，不會有刺耳的玩笑，也不會穿上女裝表演。我會穿上正式的西裝、繫上領帶，到會議室認真與對方談論工作。

重點就在此時。

請先讓我說件有點得意的事情，其實這十年來，我都可以在短時間內虜獲對方的心，甚至已經到我自己都覺得是不是哪裡有問題的程度了。

一般來說，工作上的合作，都需要定期與對方見面、晚上一起喝個酒，再共事一至二次，與對方同甘共苦之後，才能稍稍縮短雙方的距離，並建構起信賴關係，我一開始當然也是如此。

然而，最近我即使與對方初次見面，只要花上一小時左右，甚至有時候僅需要十分鐘，就能與對方建構起上述的關係。

「好啦，有什麼要求儘管說吧。只要可以幫上平田先生的忙，我什麼都願意做！」

連我自己都覺得有點可怕，我竟然可以這麼快就和人拉近關係。

我認為說話的技巧、拉近距離的技術，其實就是實質上的交換名片。我遇上這些擁有卓越能力的人們，都可以在短時間內破除彼此的隔閡，打從心裡合作，不管對方是社長還是部長都一樣。

這真的是一件令人開心的事。

這樣看來，平田進也是個天才嗎？

答案百分之百是「不」。

其實，我以前是個很陰沉的孩子。

小時候的我十分膽小，話也很少，只要站在眾人面前就會緊張，希望可以一直躲在他人背後。雖然看起來很不真實，但我的確是這樣子。

後面我會再描述，但我覺得我內心至今仍是這樣的人。

雖然自己這麼說有點奇怪，但就是因為我的個性如此，才最適合談論遇到不擅長交涉的對象時，如何利用「虜獲人心的技巧」拉近與對方的距離。

因為我每天不斷練習，持續增進技巧才達到如此結果。

若要說我現在的成果源自於「努力」，似乎又有點過於矯情了。

其實，我只是想知道究竟什麼是有趣的故事、搞笑又是什麼、如何破除自己與他人間的隔閡，還有要怎麼樣才能快速掌握人心而已。從國中時代以來，我就認真地研究這些道理，連自己都佩服起自己了。

因此，若讀者有諸如「無法虜獲人心」、「無法創造理想的人際關係」、「說不出好話」等煩惱，我想也許可以參考本書，解決這些問題。

「不過，平田先生是導遊吧？我又不從事旅遊業，也無法像平田先生一樣，把旗子插在脖子後面，更不會上電視。」

我原本也認為，自己所做的事不過就是加強導遊的能力罷了。

可是，並不完全如此。真正的「虜獲人心的技巧」，並不會因行業、年代或狀況而不同。

現在的我，是這麼認為的。

十一年前，我的第一本書出版之後，就有許多擔任講師的機會。一開始大多是旅遊業、觀光業，或是地方政府組織等與我的工作較有關係的單位。但近年來，不少我認為毫無關聯的單位也請我去演講。

前陣子甚至還有一家位於東京，舉世聞名的大型電腦廠商，邀請我在好幾百位工程師面前上課。

究竟找我這個道地的關西人，至今還在用舊型手機的傳統文組，甚至只做過導遊的人，到畢業於一流大學、活躍於全球，甚至幾乎都是理組出身的工程師面前演講，能對大家產生什麼幫助嗎？即使站到了講台上，我仍然是半信半疑。

不過，就在我以自己的方式，努力用「理論」的角度說明自己的說話方式、如何與人拉近距離、為什麼要把日本旅行的旗子插在身後登場等原因後，卻獲得許多不同世代聽眾的讚賞。

演講結束後，我也收到不少寫滿感想的問券調查用紙，並一張一張仔細閱讀。其實，只要是客套的交際用語，我因工作的關係也立即可以分辨出來。不過大多數的回函中，都充滿了聽眾自己熱切的感想。

這著實令我開心。

這與我是關西人、只是個導遊、身處旅遊業，甚至還是個普通上班族，都毫無關聯，也令我更深切地思考，最重要的事物究竟是什麼？

我想再次說明自己撰寫本書的原因。

我深深地覺得，虜獲人心的方式，是結合人與人之間的關係，並能開拓新世界的重要「技術」。

這個觀點不僅限於旅遊業界，更與各種情況都脫離不了關係。

熱情的人、擁有卓越技巧的人、好的事物、能分辨出真偽，以及因為商品物超所值而喜出望外的顧客，我希望能連結更多人，創造出更加開心、興奮，並帶給所有人笑容、更美好的日本，甚至是更有趣的世界。而其中最重要的關鍵，就是虜獲人心的技巧了。

不久之前，人與人之間的牽絆仍屬於「面對面」的狀態。不過，能在未曾想過、至今從未注意過的地點，產生戲劇性地理想邂逅，正是今日這個數位時代的最大魅力。

就像原本我認為Facebook與自己身處不同的世界，現在卻拚命使用這個媒介一樣。我也會在本書中，描述自己如何在這個數位時代，創造出自己「虜獲人心的方式」。

我今年已經五十七歲了，自從第一本書問世以來，增長了十一歲。相較於十一年前，我看清了更多事物。

人生的本質就是一場「尋找契合對象的旅程」，無論對方是什麼部門的部長、哪家公司的老闆，都無關，若以昆蟲為例，就是以觸覺尋找適合對象的方式。

不過，沒有人知道究竟會在何處、何時遇到契合的對象，也不可能與任何人都合得來。就算是我，每一百人中也可能有二、三個處不來的人。但就因為如此，才更需要多方結交朋友、多與他人談話，多開幾槍總是會擊中獵物的。

尋找對象，就是全世界最快樂的人生之旅。

想必翻閱這本書的讀者中，也有不少人苦於自己不擅長說話，或是難以與人妥善相處，因此抱著急切的心態，希望能做些改變吧。

您一定是十分認真，祈求能改變自己的人吧。我以前也是這樣子，我很能理解您的心情。

我希望透過本書，支持這些宛如以前自己的讀者。我願意將我所想的、擁有的知識與技術全部貢獻給讀者，也請您只要選擇自己喜歡的、願意做的事物嘗試看看。

不過，我希望各位不要誤解我的意思。我並不是希望大家可以開創出新的人格，因為這是絕對做不到、也不須勉強的事情。

自己出生的地方、成長的環境以及至今的經歷，才創造出您現在的樣貌，也請將其視為自己最重要的珍寶。

只要徹底發揮自己的個性，在社會上盡情拓展自己的旅程即可。至於要做些什麼，當然也是取決於您的雙手了。

請務必利用您自己的力量，找出在行業、頭銜之外的全新世界。

今日很感謝各位貴賓來到此地，我們準備出發吧！

二〇一五年二月

平田進也

Contents

第2章

打破心牆的祕訣

Contents

第4章

朝向無止盡的夢想

第1章 任何人都能虜獲人心

專精於一件擅長的事物

我現在每週固定參加二個帶狀廣播節目。

包括神戶Radio關西的《平田屋本舖！趣味旅遊！》，以及ＫＢＳ京都的《這裡是平田屋　京都本店》。節目來賓包括我最好的朋友宮根誠司先生、自《LOVE ATTACK !》節目以來就認識的作家百田尚樹先生以及活躍於各行各業的人，並由我擔任主持人，也就是以前我們所說的ＤＪ。

話說到這裡，請稍等一下。不覺得這個情況聽來有點奇怪嗎？

我是在日本旅行社工作的上班族。

一般來說，廣播節目的主持人，通常都是隸屬於廣播電台的播報員，但我卻是其他公司的員工，真令人難以想像。

我還會一同尋找節目的贊助商，而且不是以日本旅行為贊助商，而是在至今曾與我合作過的對象中，找到贊同我節目製作理念的企業，並請其給予支援。托這些企業的福，讓我得以創造出愉悅的談話內容、介紹平田屋的旅遊資訊。

也就是說，這些節目源自於我的「說話能力」。這是以前的我完全無法想像的境界，畢竟我過去是個不擅長說話的孩子。

我想先來個簡單的自我介紹兼暖身運動，並說明我從何時開始意識到說話、與他人的牽絆等技巧，以及人與人的相處是何其重要，又是多麼有趣的事。位於奈良縣的正中央，一個叫作吉野大淀町的地方，是我的故鄉。

我從小就害怕站在他人面前，永遠都走在其他人身後，不希望引人注目。無論幼稚園還是小學時代，都不可能帶領他人，或者成為團體的中心人物。甚至還會緊黏著老師不放，簡單說起來就是個「陰沉的小孩」。

而且，陰沉不明亮的不只是我的個性。

當時的我一點都不積極，不管做什麼都平凡無奇。學校成績單上幾乎都是「3」*，偶爾還會混入「2」，那些會被稱讚的項目，往往只會獲得

「1」的低分。

我很清楚自己毫不霸氣，但也不知道如何是好。雖然常在心中反省，卻也找不出改善的方式。

直到小學四年級，我身上出現了革命般的重大變化。

上美勞課時，導師米田壽美子在大家面前大力稱讚我製作的黏土恐龍。

「這作品太棒了！強而有力！一定是耗盡心思製作的吧！」

那是我出生以來第一次被如此稱讚，也讓我更加認真上美勞課。最後，該學期的成績單上，我的美勞成績竟然直接越過「4」，拿到了「5」的佳績。我內心為之一振，認為自己也能做些什麼，更感到十分雀躍。

不過，其實這件事有些內情。母親擔心我這個毫無霸氣也沒有任何幹勁的兒子，便請求導師協助，希望導師能指導我、增加我的自信。

米田老師認為，與其勉強改變我的個性，或是指著我說該怎麼做，不如大力讚賞我的優點，讓我徹底發揮。

而在我第一次得到「5」的分數後，父親也對我說：「不管做什麼都好，只要努力加強自己擅長的事物，並成為佼佼者即可！」

這句話也深深地烙印在我的腦海。

拚命去做，更要成為第一。

雖然現在的我可以虜獲人心，但含辛茹苦，努力支撐著我這顆脆弱心靈的，正是我的父母親以及導師的溫柔守護。

這也毫無疑問的是現在的我的起點。

*譯註：日本的學期成績以1至5評分，數字越大代表成績越好。

一瞬間擺脫畏縮不前的個性！

不過，我還是一如往常地無法大方示人。在改變了自我意識後，我的下一個目標，便是克服自己害羞的問題。

因此進了國中後，我便參加了班長選舉。

我住的地方是個小城鎮，所以上了國中後，會有許多小學的學生集合到此就讀。因此當時，同學間大多不太熟悉。即使要票選班長，大家也不斷觀望，沒有人自願參選。

也就是說，這正是最無人阻礙的情況。我決定捉住這個大好機會，鼓起勇氣毛遂自薦。

在這之前，我從來沒有擔任過任何須代表眾人的幹部，個性也不適合此事，所以我舉起手時，身體都緊張地發抖了。

雖然還有另一位同學也自願擔任班長，我卻以一票之差獲勝了。這是我決心改變自己的第一步，也迎來了下一次的轉機。

班長被賦予了「在眾人面前說話」的權力，這也是班長的工作之一，因此也有「必須在眾人面前說話」的義務。

然而，我光是舉起手毛遂自薦就已耗盡心力，就算擁有這個職權，也無法立即改變自己的個性。每到班會時間，在大家面前說話時，我仍然相當緊張，也無法掌控全場氣氛。

當然，從我口中說出的話更是雜亂無章。就像是要一個毫無經驗者直接站上舞台表演般，「這樣也敢自願當班長？」班上同學驚訝地想著。

直到第一學期尾聲前，我仍無法改變這個情況。每次班會時，同學都覺得十分無趣。

但只要當過一次班長，就不能這樣黯然下台。

我必須在講台上做些什麼，虜獲同學的心。

就在此時，我想出的方法，便是模仿某位老師。

其實我並不擅長模仿，只是在同學「表演些什麼啊！」的鼓譟下，才偶然想到的點子。

沒想到這個模仿引起軒然大波，表演後，全班竟然哄堂大笑。

現在回想起來，可能是因為從來沒在眾人面前模仿過，個性也不是如此的我，突然出現驚人之舉，大家才會覺得有趣吧。

但這時的我十分震驚。

「令眾人大笑原來是如此幸福的事」

「我想做的事情，可能就是逗笑大家！」

之後，我就開始研究該如何逗笑眾人，怎麼樣才能虜獲人心。當時最好的教材，便是電視中播放的《吉本新喜劇》、《松竹新喜劇》，以及單口相聲等節目。本來就很愛看這些節目的我，更從這時開始不斷記下各種有趣的台詞或點子，並將筆記命名為「演藝圈筆記」。

如此一來，還是國中生的我，卻也逐漸了解短劇、單口相聲的表演流程以及如何令人感到有趣等結構。

不斷擺動、搞笑，再吐槽，接著又重複一次相同的步驟，並快速更換下一個點子，或在觀眾忘記時，用先前的點子再次搞笑……這也讓我明白，搞笑藝人並不只是有趣而已，而是在充分準備、努力之下，才能有此成果。

我到學校後，又在講台上表演了有趣的題材。眾人開心地大笑，班上氣氛也和緩許多。之後每到班會舉辦之時，氛圍也不可思議地改善不少。

首先，必須吸引對方的注意，再打動其內心。最適合的方式，便非「搞笑」莫屬了。我不斷努力研究，也逐漸改善受台下聽眾影響的狀況。最後竟然能站在全校學生面前搞笑，甚至成為「全校最有趣的傢伙」。

在這之前，永遠只會低著頭的自己，已經徹底消失了。

了解自己

當時，國中生之間很流行投稿明信片至廣播節目。尤其每週六NHK-FM所播出的《FM點播塔》更是大受歡迎。

已一頭栽入搞笑研究中的我，決定投稿一些搞笑橋段，試試自己的能力，沒想到竟然獲得節目採用。

透過收音機聽到自己所寫的文章以及設計的橋段，讓我開心地直發抖，嘗到從未體驗過的感受。到了週一，學校同學更不斷稱讚：「我聽到廣播了！平田你好厲害啊！」

既然要鑽研有趣的事物，就希望能透過電波，逗笑世人，更希望能當上搞笑界的翹楚。我的這番念頭，更延續到我就讀京都外國語大學後，參加超人氣節目《LOVE ATTACK！》、《搞笑甲子園》時。

在《LOVE ATTACK！》這個綜藝節目中，眾人必須爭奪向美女大學生

（輝夜姬）攻擊（告白）的權利，每集都會有五位大學生拚盡全力一面搞笑，一面參加各種遊戲。原本只在關西地區播放，但實在太受歡迎，遂改播放至全日本，在東京也是廣為人知的節目。

我也是這個節目的觀眾之一，而在大學一年級的夏天，我更收到一封明信片，通知我參加節目面試的時間。原來是常和我一起看節目的妹妹，因為我常說著要試試自己的搞笑能力，便擅自替我報名了。我喜出望外，更大膽前往位於大阪的朝日電視台面試。

然而，為了爭奪五個可上節目的名額，竟然湧入了許多以搞笑自豪的大學生。看來要突破第一個難關，只靠一般功力是不夠的。如此認為的我，便脫下衣服，並抱著即使被制止也要繼續的心態，又跳又唱的表演三波春夫的《鉦鼓曲調》。在眾人目瞪口呆中，也傳來「可以了！你合格了！」的聲音。當時，身為面試官之一的，便是之後製作《偵探！Night Scoop》節目的松本修先生。

《LOVE ATTACK !》節目上，即使通過重重困難遊戲，可向輝夜姬告白，輝夜姬們也像是套好了般，只會回答「對不起……」而被甩還掉入地洞內的挑戰者（Attacker）則被稱為「慘敗攻擊者」。

挑戰者的失敗樣貌越悽慘，畫面就越好笑，也會被節目要求繼續上節目，甚至還有聚集所有「慘敗攻擊者」成一集的特別節目。

在我參與《LOVE ATTACK !》節目期間，跟我互為對手的，則是負責《偵探 !-Night Scoop》節目編劇，並陸續推出《永遠的0》、《被稱作海賊的男人》等名著的作家百田尚樹先生，以及《本所窮困長屋》*作者，更以身兼小說家、專欄作家以及喜劇作家聞名的畠山健二，他們與我已經是認識將近四十年的老友了。

參與節目的攻擊者中，也有不少之後風靡一世的專業搞笑藝人。我身為一介門外漢，混在專家當中，究竟該如何讓觀眾發笑，又該如何炒熱氣氛呢？我想著這些問題，發現節目的競爭非常激烈。明明是個門外漢，卻想著要對專家大喊：「看好了！這就是門外漢的一擊啊！」

我拚命研究該如何做好「慘敗」一事，竟然參加了這個節目二十七次，已接近當時節目的歷代最多參與次數。

隨著時間流逝，我這個門外漢逗笑觀眾的原因也越來越明朗。也是因為以松本先生為首的工作人員，認為「竟然有這麼有趣的一般大學生」，並讓我不斷上節目，才有機會讓觀眾感到有趣。

搞笑的「打擊率」並不固定，有時可能一舉中的，引起哄堂大笑，但也可能徹底失敗、搞砸氣氛。話雖如此，整體看來，我也沒有超出「以冷笑話為主要技巧」的範圍。

時至今日，我仍認為我以門外漢的身分奮戰到底了。但我和擁有強烈特質，搞笑能力超出平均值許多的專家之間，仍有一道相當高的牆。

我也接受這樣的現實，並放棄成為專業搞笑藝人這條路。

＊暫譯，日文原名為本《所おけら長屋》。

結合「擅長的事物」與「工作」

當我升上大學三年級，進入必須認真思考該至何處工作的時期，最吸引我的工作，便是電視台的導播了。

因為參與《LOVE ATTACK！》的錄製，讓我得以透過與一般學生截然不同的觀點，親眼見到電視節目錄影現場，更了解松本先生他們工作時的熱情樣貌。

我也親自與松本先生商量自己的目標，不過松本先生指出，媒體界的競爭率很高，要闖過重重試驗並不簡單。

另一方面，他也給了我這般建議：「平田同學很適合服務業吧？你在電視節目中也有一定的表達能力，不如徹底發揮這項優點怎麼樣呢？」

當時松本先生舉的具體範例，便是旅行社的導遊。

想成為單靠談話能力行遍江湖的藝人似乎稍嫌不足，但只要找到適當的舞台，就能成功擊出全壘打。既然如此，為何不將我的談話能力與「某項事物」結合，進而完成更完美的工作呢？

只要從遊覽車導遊手上拿到麥克風，我就有自信可不斷說話好幾個小時，直到被制止，尤其我又十分擅長唱歌及變裝等技巧。

「該不會我也可以所向無敵吧？」

活用自己一路走來堅持的事物，並與其他工作互相結合。通常很少有人可成功達到此目標，我想應該能發揮其稀有價值吧。

松本先生的建議果真沒錯，我也非常感激他。

我畢業於京都外國語大學，就現在所從事的導遊工作看來，大家應該都認為我從以前就對國外充滿興趣，並十分喜歡旅遊吧。

我大學期間主修巴西葡萄牙語，但並不是特別喜歡巴西葡萄牙語，也對旅遊沒有特別高的興趣。別說是喜歡旅遊了，當時我甚至連任何一份時刻表都沒翻開過。

老實說，當時我只是想盡早進入大學就讀，成為大人，多方嘗試自己的搞笑能力罷了。

不過在選擇學科時，我倒是認為只要學會一項外語，就能與其他國家的人談天，也應該很有趣。

這樣的我，突然有了強烈的意圖，「希望進入旅遊業界！」也未仔細調查，就這樣到了大型旅行社日本旅行求職。

我年紀雖輕，卻能在電視節目競爭中博得一席之地，當然在氣勢方面也毫不輸人。

我說著諸如「貴公司需要活力的話，請立即錄取我吧！」或是「我可以將走在這一帶的人全都拉為日本旅行的客戶！」等話語，順利通過了面試。

就算當時的我是初生之犢不畏虎，但也真是大言不慚。

當時還須接受英語面試，而我明明是外語大學的學生，卻什麼都不懂、甚麼都說不出口，非常糟糕。沒想到面試官偶然詢問我的嗜好，無奈之下我回答了：「Collecting stamp」（集郵），面試官卻說：「me too !」讓我幸運地通過這一關。到了最後一關面試時，則被面試官評論為：「你在每道面試關卡都表現得很有趣，雖然優秀的學業也很重要，但要進入旅行社不能僅有如此能力。本公司希望推出的，是具特殊性又歡樂的行程。」我成功獲得公司錄取。

就這樣，**導遊**平田進也誕生了。

讓對方開心最重要

然而，沒有人能一當上導遊就如魚得水的。

帶著團體客人卻在車站裡迷路、車內的便當數量不正確、對行程內容及景點一問三不知……仔細想想也是理所當然的狀況。就算我的口條再好，當上導遊時必須學習的仍不計其數，怎麼努力都難以彌補。

我進社會第一年時，發生了一件至今難以忘懷的事。雖然我什麼都做不好，但至少要保有積極心態，便至旅客的房間詢問意見、在宴席廳協助整理拖鞋，努力做好自己能做的事。

這時，其中一名旅客對我說：「你啊，雖然是個不合格的導遊，卻非常細心。加油啊！」更遞給我一個袋子，裏頭裝滿了所有團員給予的零錢，讓我感激不盡。

所謂服務業，就是必須以客為尊的職業。我也因此學到了這個基本道理，不管我多擅長談話或任何表演，首先必須成為旅遊專家的翹楚。我希望能推出高品質、令人感動的行程，並以導遊的身分帶給大家歡樂、注意各個細節，讓旅客開心、將旅客擺在第一位。

連現在介紹到我時，就一定會提到的特點「女裝」，也是站在這個角度思考之下的產物。

我最驕傲的，便是自己最早掌握因《冬季戀歌》而起的韓流風潮。其契機源自我太太在《冬季戀歌》完結後，整個人陷入一片恍惚，讓我也開始看起了這部戲。

之後，我便與認識已久的韓國旅行社，也就是韓進觀光大阪分店長曹昱鉉先生取得聯繫，並推出集合首爾地區各大人氣韓劇外景地的行程。甚至還成功結合崔智友小姐的演唱會活動，提升整個行程的質感。

看到《冬季戀歌》最後一集時大哭的宮根誠司先生，也獲我們邀請擔任演唱會的主持人。當時宮根先生還是朝日電視台的播報員，並在其負責主持的晨間資訊節目《早安朝日》介紹這個行程。沒想到這個僅三天二夜，價格將近十萬日圓的行程，卻吸引了二千人參加，甚至動用四台專用飛機，成為相當盛大的企劃。我也一心希望帶給旅客歡樂，便在飛機上戴著假髮、圍上圍巾，更戴上眼鏡，假扮成「勇樣」裴勇俊。當時的情形，除了朝日電視台的節目，更登上《NHK新聞　早安日本》的新聞畫面。

見到旅客的笑臉，我更與韓國當地的負責窗口、代理旅行社的相關人員開心地互相擁抱。這些事物，全都源自人與人之間的繫絆。

我一年最多可推出四十個行程，其中最有特色的，便是這個稱作「復仇行程」當日來回大阪地區的小型旅遊。

對丈夫日常的惡行惡狀積怨已深的太太，可藉此行程報仇，到平常男人流連忘返的大阪鬧區北新地來趟奢華之旅。整個行程約四小時，帶著原本僅能待在家中的主婦前往各個高級俱樂部、高級餐廳以及人妖秀等地點玩樂。

行程價格約為一萬八千日圓，下午五點半出發。

對旅客來說，最大的特點就是可以忘卻現實，盡情探索未知的世界。尤其，光是坐著就至少須花上二萬日圓的俱樂部，在每天下午五點半時，仍介於補充酒品的時段。我們向俱樂部提案，請他們以優待價格，讓這些主婦在三十分鐘內飲用二杯加水威士忌。站在俱樂部的角度看來，這個時段本來不會有什麼客人上門，因此對我們雙方來說，都是互惠的理想方案。但對這些太太，卻是意想不到的難忘經驗。

「這些男人，都在這麼高級的地方喝酒嗎……真令人火大！」她們往往這麼想著。

接下來，已有些許醉意的太太，便前往高級餐廳用餐。在享用完套餐料理後，便搭上計程車，欣賞人妖秀，她們也因這些禁忌的世界而樂不可支。

其實，這項企畫也是好口條所造就的產物。首先，我必須與新地的媽媽桑打好關係，若沒有絕佳的說服力，就無法成就這些產品。

只要擁有談話能力與說服力，原本難以暢銷的創意，就可能從零搖身一變，獲得絕佳收穫。

不下任何功夫便無法得到收穫，但這些功夫的最大根源，便是虜獲人心的能力。

「能做到這些的，只有平田先生而已啦！」

您能這麼說，我感到相當光榮。不過，請仔細思考看看。我原本只是個膽小鬼，也是靠著希望帶給對方歡樂的念頭，才終於走到這一步的。

「為對方著想」，請珍惜這個想法，就算原本並不擅長談話，也必定能開拓出一條康莊大道。

增加「合得來」的同伴

接下來，我想從稍微不同的角度，探討與他人接觸後可得到的益處。這些益處，我認為可以增加重要的夥伴以及得力助手。

先前已經提到，我至今仍未使用智慧型手機。

我還是喜愛使用折疊式手機，在公司裡，也屬於只要碰到電腦就會頭痛的世代。

這樣的我，現在卻用起了Facebook。實在太有趣了，令人愛不釋手，而且我都使用平板經營Facebook。

「是不是很帥氣？」用了Facebook後忍不住得意起來。

不過，我其實並不是自願用起Facebook的，而是我的好朋友橋本保先生不斷推薦，甚至強迫我使用Facebook。

「Facebook一定很適合平田先生，一定要試試看！」

「別這麼說了，橋本先生。你跟我說這些我也搞不清楚啊！」

經過這樣一來一往後，他終於受不了，決定採取強迫手段。

「〇月〇日×點起，請空一小時給我。詳情我當天再通知你！」

我完全不知道他要做什麼，但還是空下行程，當天也接到了橋本先生的電話。他表示已向我公司附近的手機行預約，要我別掛斷電話，直接往店鋪走去。

我無計可施，只好照他說的前往手機行，並將手機遞給櫃台小姐，讓橋本先生和那位小姐通話，我則照實回答櫃台小姐提出的問題、填寫小姐提供的文件。就這樣，不到一小時的時間，我就拿到一台完全不會使用的平板。

「平田先生，那台平板已經簽完約了，使用方法我下次見面時再教你，但費用請自己付喔！」

之後我也得到橋本先生的特訓，告訴我先這樣註冊、編輯個人資料、拍攝照片後再上傳、尋找朋友並提出交友申請、留言或回應訊息等，我也終於理解，他之所以不斷推薦我使用，並說「Facebook非常適合平田先生」的原因何在。詳情待我在第四章加以說明，而我也因此拓展了認識他人的方式，並加深與他人的關係。

自己所能見到、聽到的事物有限，因此如橋本先生般，告訴我未知世界資訊的朋友十分重要。他了解我的個性，為了我不怕麻煩，更無償協助我，是我最重要的智囊團。

他甚至還和旅遊業界毫無關聯，我也無法在工作上給予任何回報。但是，他卻笑著說：「我什麼都不需要，只是喜歡這麼做而已。」

我和他在偶然的機緣下認識，彼此間毫無利害關係，只是因為意氣相投而成為朋友，也託他的福，讓我現在非常喜歡使用Facebook。這也是擁有交友能力後，最大的恩惠之一吧。

我現在仍透過Facebook認識許多不同業界的朋友，也加深了與老友間的關係。

創意源自「與人的繫絆」

我在接受訪問時，常被問到「平田屋的行程為什麼比較獨特呢？」、「如何產生這些創意的？」等問題。

主要原因之一，我想是如同推薦我使用Facebook的橋本先生般，與其他業界、不同職業者間的聯繫所致。

我工作的旅行社，當然是設計旅遊行程的專家。不過，若僅接觸旅遊業者，往往只會設計出早已耳聞，或其他公司早已著手企劃的商品。即使想推出新的創意，也會因為太過專業而過度注重細節及風險等問題，永遠跳不出舊有框架。最後，只會陷入價格競爭的漩渦而已。

這情況也不僅限於旅遊業界。

在商業經營的世界中，非自家公司的董事，或是如我常這般接獲與自己

毫無關係的行業或企業演講邀約，希望提供自己的創意等，都是因為身處不同環境者反而能突發奇想、創造新點子，加上未定期接受他人的檢視，就無法了解自己最真實的樣貌之故。

在那場可怕的三一一大地震之後，我心中不斷思索，並詢問自己：「我們只是一家關西的旅行社，究竟能做到什麼呢？」

首先傳入我耳中的，是距離災區十分遙遠的中國地方*、九州等地的旅館及觀光業者發出的哀嚎。當然，這些地區並未遭受地震的波及。

地震過後數月，社會也逐漸恢復正常生活，但也許是自律風氣所致，整個國內飄散著一股不敢享樂的氛圍，旅館接獲的預約數仍不多，延續著幾乎毫無收入的狀態。

不過，任誰都須仰賴買賣過活，經濟才能循環。仔細想想，過度自律的生活對誰都沒有好處。以關西人為首，經濟上較充裕的族群必須加倍努力，甚至須補足災區失去住家或工作者無法從事經濟活動而缺少的資金流動，避免日本經濟逐漸沉淪，甚至帶給災區重建不良影響。

出外旅遊、增加經濟貢獻，多少可以改變原本的憂愁氣氛，並幫助水深火熱的觀光業，這不就是我們對災後重建能盡的心力嗎？

我這麼問自己的粉絲，並企劃以西日本觀光地為主的行程。接下來，待災區重建至一個程度，當地拚命希望恢復原有生活時，便發出協助東北觀光地的訊息，我也帶著旅客前往東北觀光。

當時，福島的紀念品商店內，觀光客仍稀稀落落，看來十分寂寥。我便以自己的方式招攬客人：「各位，請想想『觀光』這兩個字。沒錯，觀光正是『觀看光明』之意。原本我們是出外觀看光明的，但現在，請各位成為光芒，照亮這裡吧。這是仙台名產竹葉魚板，非常好吃喔！」

＊譯註：中國地方介於日本關西地區與九州地區間，包括鳥取、島根、岡山、廣島及山口等縣。

旅客們也感受到我的熱忱，每個人都買了好幾千日圓的商品。甚至還有幫親戚一起購買，總共買了四萬日圓以上的旅客，老闆更為此感動到淚流滿面，沒有任何人說這樣的行為欠缺考量或發怒。

我和旅客們既不是災區重建的專家，也不是重建志工，更沒有遭受任何地震災害，只是單純的陌生人。

然而，我們可以嚐遍美食、享受溫泉、購買當地知名點心作為伴手禮，協助災區恢復活力，也帶給災區重建好的影響。

每位旅客都直接鼓勵當地人，說著：「加油啊！」沒有任何人遭受損失，更創造出眾人都感到幸福的良性循環。

以「三方皆好」的想法思考

暖身運動也接近尾聲了。

在結束前，還有一項務必了解的道理。

那就是「桌上找不到答案」這個觀念，若不向他人發出訊息，就不會激發出任何可能性。也就是說，聯繫他人的能力是最重要的。

我非常喜歡近江商人*「三方皆好」的經營哲學。

對賣家好、對買家好，對社會也有好的影響。我認為，這種觀念源自**「希望為他人付出」的精神**。

前篇提到至災區的觀光行程，就是最淺顯易懂的例子。無論是身為買家的旅客、身為賣家的觀光業者都能感到開心，當然我自己也樂在其中。

*譯註：鎌倉至江戶時代，活躍於今日滋賀縣一帶的商人。

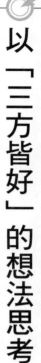

還能對災後重建有貢獻，更成了「對社會好」的象徵。

我最喜歡介紹可能意氣相投的人認識，並協助打好關係。就如同我將關西的旅客，帶到正在災區努力的人面前般。

光是抱持著這種心情，就能讓幸福不斷循環，甚至逐漸拓展，任何人都不會有損失。

加深這種幸福的良性循環，就必須仰賴與其他業界、職業間的連結。我在設計旅遊行程時，時常有如此想法。

究竟該怎麼做，才能建構起這樣的連結、關係呢？

提示請讓我在第二章之後再詳細描述，目前請先記住本篇開頭提到的「桌上找不到答案」。

一個人在書桌前左思右想，也不會出現超出自己思考範圍的創意。

讓眾人驚呼、感動、產生共鳴、帶給他人夢想或幸福，無論怎麼表現都無妨，只要創造令人意想不到的創意，就能感動對方。

不過，只要沒有特別異想天開的構思能力，獨自一人並無法構思出意料之外的創意。

平田屋的旅遊商品為什麼能夠暢銷？

真正的原因，就在於我們並不會獨自在書桌前尋找答案，而是與外界共同思考，研究該如何找出最接近「三方皆好」的方式。

這種念頭不管在什麼環境都是相同的，相較於不擅長與人聯繫者，具有連結他人的能力，或是希望與他人產生聯繫者，較能構思出更具獨創性、可感動人心的點子。

平田屋的行程之所以熱賣，我想原因也是如此。我並不是天才，必須借助各界人士的力量，再傳達出這些創意，才能使商品熱賣。

不少粉絲都說只要能跟隨我，不管哪裡都願意去、不管多少錢都願意出。再進一步細問，發現最主要的原因為：

「只要和平田先生一同旅遊，就會充滿活力。又哭又笑的，更能因此獲得持續努力的動力。」

由此可見，就算不是旅遊行程也毫無影響。無論是「平田屋拉麵」，還是「平田屋服飾」，所有行業的本質便是讓顧客感受到活力、產生繼續努力之心。

我也堅信，與各行各業建立關係比較有趣，因為無論什麼業界、怎樣的工作，目標都是一樣的。

此外，還有透過本書與他人聯繫的能力。除了自己以外，請站在為了對方、為了社會好的出發點使用本書。

「一味強調自我」只會造成失敗

雖然說了不少道理，但我在年輕時的個性，也絕對不值得驕傲。剛進入日本旅行工作時，我希望以一個導遊的身分，徹底活用以往所鍛鍊的搞笑能力、談話能力，並虜獲對方的心。不過，在二十多歲時，我卻無法成功達到目標。

原因就出在我一心只想「強調自己」。

我在新人時期隸屬於伊丹市的分店，當時終於可以外出跑業務、與人交涉或擔任導遊帶領遊客。

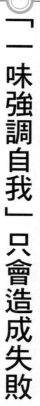

不管是哪一家公司應該都一樣，新進員工通常會先跟隨在前輩之後，學習各種工作，包括名片交換、正式商業用語等商務禮儀，再逐漸學習具體的工作內容或交接原有客戶、合作對象。

導遊工作也相同，起初必須輔佐前輩，學習該依什麼順序對旅客說明哪些事項、該怎麼交談，搭上巴士後，如何利用麥克風營造氛圍，以及如何炒熱用餐時或舉辦宴席時的氣氛等。總之，看著前輩的背影學習，就是新進員工的工作。

不過，我卻認為：「我和其他新進員工不一樣！」因為我曾在《LOVE ATTACK！》節目中，經專家鍛鍊出自我宣傳能力、搞笑能力，別說是魯莽草率的新人了，就連前輩我也有不會輸的自信。

這在《LOVE ATTACK！》中確實是正確觀念，因為這是電視節目，必須不斷推銷自己，持續表現，追求更誇張的反應，才能在有趣的事物上增添更好笑的元素，單方面地強調自我能力會產生不錯的效果。

當時以我驕傲的觀點看來，前輩的工作方式，尤其是說話方法及題材都過於普通，讓我忍受不了。

等我可以獨立作業時，我一定會在一瞬間吸引所有客戶及旅客的注意力。我會透過與前輩們截然不同的方式，一舉獲得矚目。

當時的我曾如此誇下海口。

結果，當我照著自己的方式工作後，得到的反應卻與預想截然不同。不僅沒有大受歡迎，反而還把場子搞砸了。

其實，強調自我能力後須稍微收斂，收斂後又再次強調自己，這才是最重要的循環，就如同使用鋸子的要領一般。

這種單方面強調自我的壞習慣已經變成理所當然的行為，我至少花上將近十年的時間改善。在徹底激怒他人、羞恥至極、被破口大罵，並在三十歲後才認識的宮根誠司先生等人的建議下，才學會改變自己。

現在回過頭來看年輕時自己的口條，實在慘不忍睹。

為什麼不能一味強調自己呢？

不斷強調自我的談話過程中，並未給予對方反應的時間。如此一來，容易產生二種問題。

首先，對方可能因為無法作出反應而感到不悅。對方無法徹底表達自己的想法，甚至有被視而不見的感覺。

第二，說話時若一心只想強調自我能力，不會有多餘心力注意對方的反應如何。

不斷強調自己：「很好笑對吧！」的確會引起一定程度的笑聲。不過，並無法讓所有人都感到有趣。除了打從內心覺得好笑的人，有人只是配合氣氛而笑，也有人只是擺出笑臉，甚至還有毫無反應的人。

一味強調自己時，無法體會他人不同反應的差異。這在必須面對一定人數的對象說話等工作上，是非常致命的失誤。相較於自認為擅長說話的人，不如隨時注意該如何應對所有對話來得理想。

向宮根誠司先生學到的工作技巧

我與宮根誠司先生已認識超過二十年，當時我大約三十多歲，年紀稍輕的宮根先生則是朝日電視台的播報員。

我們至今仍是好友（還是毫無防備、互相貶低對方的損友？），雙方家人也時常見面，但初次見面的情景卻意外地毫無印象。

當時宮根先生雖然已成為招牌節目《早安朝日》的主持人，但我記得他仍未成為電視台獨當一面的當家主播。當然，宮根先生也仍未打響在全日本的知名度。

我則因為過往參加《LOVE ATTACK !》等節目，時常受到邀約，前往《早安朝日》等朝日電視台的節目錄影。

宮根先生與我不同，是個安靜、謹慎，甚至有點害羞的人。他對於旁人的警戒心也比較強，內心與他人的隔閡比較重。

即使為了節目開會，談話內容也僅限於公事。宮根先生十分認真，而且不會自己發起其他話題。

我平常擔任導遊時，會主動對內向的旅客說話，進而讓旅客放下心防，因此我也留意著宮根先生的反應，逐漸增加對話的內容。

不過，我一開始並沒有把宮根先生當作一輩子的好友，只認為雙方是工作上的合作關係罷了。若我仍採用二十多歲時，不斷強調自我的方式對宮根先生說話，想必現在雙方也不會有如此友好的關係。

我記得我們二人經歷多次的節目錄影，反覆開會討論後，在某次一同出外景時一舉拉近雙方的距離。不過，最關鍵的契機至今仍回想不起來。我們也在不知不覺間，慢慢地成為好友。

時至今日，即使忙碌時，仍時常接到宮根先生「要不要一起吃個飯？」的電話。我也會將其視為第一順位，與宮根先生見面。

電視上的宮根先生是個不斷戰鬥的男人，但他其實也會有情緒低落之時，只是不會讓觀眾得知罷了。

現在要我稱讚宮根先生總有點害羞，但經歷地方電視台播報員，並透過《情報LIVE宮根屋》（讀賣電視台）節目奠定在全日本的人氣，現在更以《Mr. Sunday》（富士電視台）進軍東京的宮根先生，即使過了五十歲，仍持續成長，是個令人敬畏的角色。

至今幾乎沒有來自大阪等地方電視台的男性播報員，獨立背負起節目的招牌，並在東京大獲成功的前例，宮根先生仍在持續這項十分艱辛的挑戰。

我最近獲邀至《Jobtune》（TBS）節目錄影，才發現東京的節目製作方式、規模、工作人員數量，甚至是花費的金額都與過往所知的大阪電視節目全然不同。

大阪只會確認最基本的節目流程，並以即興發揮的方式錄製節目。另一方面，東京的大型綜藝節目，則會耗費時間進行事前採訪，並準備好劇本，即使無法即興發揮也能完成。當然也可在節目中即興發揮，只是製作單位通常會花費不少成本徹底準備，或者是不得不如此準備，才能完成一個節目，並沒有哪一處的製作方式較為優秀等比較。

我曾在宮根先生的邀請下，參觀富士電視台。見到他被分配到的豪華休息室，我驚訝不已，甚至還見到與宮根先生一同錄製節目的瀧川Christel小姐，儼然是到電視台內遊山玩水。不過，也藉此了解到宮根先生在東京所背負的重責大任與龐大壓力。我也是在震驚於東京的電視台規模之時，才終於知道宮根先生有多麼厲害。其實，宮根誠司就是個內心溫柔、質樸的人。我也認為，我能和宮根先生合得來，正是其質樸本性的緣故。**而他每每發生什麼事，就會找我一起喝酒，我想也是為了恢復最原始的自己，回想擔任地方電視台播報員時的初衷吧。**

幾杯黃湯下肚，二人就會開始聊起過去的回憶，而且大多是雙方的蠢事。我們就像參加青梅竹馬的同學會般哄堂大笑，互相陪伴。無論是誰，偶爾都需要像這樣的時光，也可藉此放鬆。

我能與宮根先生如此友好，真的很開心，也感到十分榮幸。

談吐的天才・宮根誠司的厲害之處

雖然他並不承認，但宮根誠司的確是個談吐上的天才。

「身為一個主持人，我常常搞砸工作、被前輩責罵，加上發音不正確、也很容易吃螺絲。」

宮根先生常這麼說，我想這話帶有些謙虛之意，但若照他說的話看來，他也是位認真、時常反省自我，且嚴以律己的人。

宮根先生究竟厲害在哪裡呢？

以下為我個人的看法。

懂得調整談話內容、話語的表現方式，以及絕佳的掌控能力。

我剛開始錄製廣播節目時，曾詢求過往活躍於ABC廣播的宮根先生意見。其答覆如下：

「電視與廣播節目的說話方式截然不同，廣播的脈絡如小說，播報時須一字一句緩緩說出，最後再下個結論。然而，電視節目可不能照此方式進行，必須在開頭就說出結論，再如單口相聲般不斷聊下去。」

大家所認識的宮根先生，應該都是近年來活躍於電視節目中的樣貌。若以《情報LIVE宮根屋》節目為例，則是由宮根先生一人，搭配三位評論員進行。在電視節目中傳達某個話題時，只能利用有限的時間播報，並搭配影片或圖卡說明，有時還須夾雜現場直播畫面。觀眾通常也不會認真觀看著螢幕，所以必須更努力，吸引一面做其他事，一面看電視的觀眾，以及恰巧轉到這一台的觀眾注意力才行。

在電視節目上，欲傳達某個主題時，若照一般說話方式表達，往往會被觀眾忽略。有些較為艱深，難以立即理解的話題，則須加以處理，盡量讓觀眾能在短時間內了解主題。

當然，也會有協助撰寫原稿的工作人員，但宮根先生天生擁有優越的判斷方式。

宮根先生必須了解接下來節目報導的主題或事件，並讓評論員盡可能發表最理想的意見。

只要仔細觀察便可發現，宮根先生在準備將話題導向評論員前，會在自己的話中摻入「接下來希望聽您的意見」等訊息，而非突如其來的指示。利用這種心領神會的方式，評論員也會知道「接下來換自己發表了」，只要宮根先生一句「覺得怎麼樣呢？」評論員就能以較理想的方式表達意見。

除了這些，宮根先生還能在現場直播的節目中，計算這一連串對話在每段節目所分配的比例、掌握話題的起承轉合，並準確地下最後的結論。**也就是說，必須隨時注意如何整理談話的內容，才能做好起承轉合的功夫。**

本文曾提及宮根先生所說，廣播與電視節目的敘事方式並不一樣，這也可看出宮根先生時時都在思考，該如何控制「場面」、又該如何提出結論等問題。

想必宮根先生的腦中，已經記住了數百個，甚至數千個不同的模式，並在一瞬間找出最適合當時情況的敘事過程及結論。

他的頭腦儼然是一台超級電腦。

這些豐富的經驗，與其說是因為努力不懈所致，不如說這正是宮根先生的厲害之處。

宮根先生會「刻意恢復本性」

在宮根先生的優秀能力之中，我想介紹讀者較能利用到的技巧。

這個技巧便是依據情況需要，率真地說出如孩童般頑皮的想法或觀念，不會因錄製電視節目而壓抑自己。

無論喜歡或討厭宮根先生，我想原因都是一樣，因為宮根先生會特意以較率直的方式，直接說出自己的意見或感想，甚至讓觀眾認為「不用說到這個程度吧……」。

其實，平常的宮根先生並不會這麼做，尤其長大成人後，多數人也不會如此說話。

電視節目有時會因為內容經過設計，有更明確、清楚的結論，令人產生安排過於妥當的沉悶感。

宮根先生為了減少這個現象，會故意像個孩子般發言，呈現出顯露本性的感覺。

「請稍等一下，你在說什麼？」

「我不想聽這些啊！」

「之前說的不是這樣啊！不覺得奇怪嗎？」

宮根先生會像是突然發怒般，對著評論員這麼說。時至今日，他仍能讓評論員出現從未見過的神色、激出不同的發言，甚至讓評論員激動地脫下衣服。

能打動人心的，正是這些未經過修飾的言語。宮根先生徹底瞭解這個道理，並活用相關技巧，以達到理想效果。

我就完全無法到達這個境界。

二〇一一年，我曾參加ＮＨＫ的《Deep people》節目，當時的主題為王牌業務員，一同上節目的還有大和House的業務卯木啟示先生以及Recruit的瀨名波文野先生等人。

節目進行時會安插眾人工作樣貌的影片，並互相討論工作情況。光是聽到節目的標題，就讓人感覺十分帥氣。不過，共錄製了將近六個小時，實際播放時，僅看到我不斷說話、毫不停下，甚至說出令人羞愧的話語。節目挑選的片段都令我羞恥至極，忍不住想說：「拜託不要用這一段。」

NHK的導播是製作節目的專家，也許我是「王牌業務員」，卻不是表演的專家。因此，自己拚命耍帥，並無法打動眾人的心。必須抱著犧牲一切的必死決心，才能說出最率真的話。

無論是公司的社長或部長，在一路攀升到這麼高的地位後，卻用似曾相識的內容發表談話，是無法感動人心的。然而，當年紀尚輕的孩子外出跑腿，在拚命努力中卻不小心透漏自己心聲時，往往會打動人心。**也就是說，拚命努力的樣貌以及最率直的話語，才能造成人心的迴響。**

宮根先生非常了解這個道理，雖然私底下個性並非如此，仍不會在電視上抹煞「發自內心的率直想法」，反而刻意掌控這項技巧，並巧妙地使用在電視這個舞台上。宮根先生的技巧掌控能力，也是我這個半職業者最望塵莫及的。

不過，**唯有率直想法才能打動人心這個道理**，請務必牢記於心中。

正苦於無法利用言語虜獲人心者，不妨試著以最真實的想法思考，並養成直接說出口的習慣，也許能開拓一番新視野。

將最真誠的想法發揮於工作上

最真誠的話語以及最真實的想法，究竟該如何活用在工作上呢？以下為其中一例。

最近，在我設計的行程中，有個稱作「關西出發！汪汪俱樂部」，為愛狗人士所舉辦的旅遊企劃。因為我家也飼養了一隻叫做「馬龍」的約克夏，自己與狗一同生活後，才體會到「只要養了狗，就無法輕鬆出外旅遊」的飼主心聲。

畢竟我也算是當事者，而且狗狗實在很可愛，討人喜歡。我便以這最真實的想法，開始思考該如何讓有同樣情況者也能開心，甚至帶給他們感動。

如此一來，竟然產生了新的發現。若只想寄放狗狗，可將毛小孩託至寵物旅館。不過，我發現對飼主來說最缺乏的，就是可以和最喜歡的狗狗一同外出旅遊、一同享用美食、住宿於同一個房間，**並在外出時創造更多共同的**

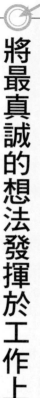

回憶。這與我們出外旅遊時，不會將心愛的孩子寄放在他處的道理相同。

因此，我便利用旅遊業者的人脈及經驗，以及經朋友介紹而認識的寵物沙龍fuca的安藤夫婦協助下，規劃出可租借遊覽車、帶著狗狗一同外出的旅遊行程。這樣的行程，一定可以帶給與我同為愛狗人士的旅客歡樂，是我極具自信的新企畫。

而這個發自我內心最真誠想法的企劃，也在意想不到之下，打動了其他人的心。

我們的企劃受到《早安朝日》節目青睞，製作成一篇特輯。接任宮根先生主持人一職，活躍於該節目的朝日電視台播報員浦川泰幸先生，其實也是一位愛狗人士。他聽我興致勃勃描述完「汪汪俱樂部」的行程內容後產生了興趣，不只表示想參加這個行程，更自行企劃、製作，完成了這篇特輯。

錄影當天，節目集合了幾位愛狗藝人及其愛犬一同玩樂、一同欣賞遊覽車窗外的景色、一同用餐，更可與自己的狗住宿於同一個房間內。之後，還能在鳥羽的海豚島欣賞海豚表演、在海岸邊奔跑，就連浦川先生與我，也都呈現最真實的狀態。眾人不斷發出「好開心！好好玩！」的聲音，儼然成為一群「笨蛋飼主」。整個外景的錄製過程與利潤、成本計算毫無關係，卻充滿了幸福與感動的氣氛。

「汪汪俱樂部」只是一個剛起步的行程，並沒有多餘的宣傳預算。

不過，浦川先生之所以會透過媒體介紹這個資訊，不僅為了包括他自己在內的愛犬人士，也是因觀眾需求而產生在媒體宣傳的價值，進而促使他企劃、製作這個節目，就連他本人也親自參加了這個行程。

最真誠的想法所開創的企劃才能打動人心，必須感動對方，再進一步感動他人。

這樣的連鎖效應，是再多金錢和壓力都無法創造的，更是在公司內敲著計算機所想出的企劃所無法達到的現象。

自己喜歡、覺得有趣，也希望帶給他人樂趣，更祈求整個社會更美好。這些發自內心最單純的想法、最真誠的話語，又該如何結合自己的工作呢？若能做到這一點，我想**收穫絕對會超過自己所付出的一倍以上。**

浦川先生還特地對我道謝，這怎麼承擔得起呢！免費替我們介紹不知是否能順利完成的旅遊行程，反而是我們要道謝。不過，對我們來說，也很開心能盡微薄之力，協助完成這個好節目。

雙方都覺得感激，這正是最真實的想法最美好的一點。

節目播出後，我們接獲許多愛犬人士的報名，更在一片好評中推出這個行程。另一方面，也因此得知，在這麼多消費者的需求中，我們旅遊業者還有很多不足的部分需要努力。

做好準備，應變「突發狀況」

至今我也寫了不少看似了不起的事蹟，但其實我就算活到現在，內心仍像小學時一樣，是個「容易緊張」的人。

平常我不會想起過去，還可以在一瞬間掌握對方心思，或依對象改變談天的內容。不過這樣的我，在數年前，卻發生了相隔幾十年再次震驚我內心的事情。

我受老家奈良縣的國中邀請，擔任職業體驗學習課程的講師，在三年級學生面前，介紹旅遊業及導遊的工作、經驗，並以出社會者的身分，給予學生建議。這對我來說是個很令人感激的邀約，便開心地答應了。

之前演講的對象大多是成人，因此我為了盡可能讓國中生了解講座內容，重新修改過我的講稿。

「大家知道嗎？這位是日本旅行的平田先生。他在百忙之中撥空前來我們學校，請各位認真聽講！」

在老師如此介紹下，我睽違已久地站到講桌前。

沒想到，我突然情緒大亂、身體不斷顫抖，彷彿鬼壓床般，一句話都說不出來。

對台下的學生來說，也不在乎我是否常上電視，只覺得是一位不認識的大叔取代老師站到講台上罷了。所有人像是在等著看我有什麼能耐，畢竟在他們眼中，不管我演講的內容為何，只單純認為上課時間很麻煩吧。

我站在講台上，發現幾乎每個學生都用「然後呢，要做什麼？」的臉，面無表情地看著我。這個樣子喚醒了我過往擔任班長時的回憶，不管是演講的內容，還是任何事物，就這樣消失在我的腦海。

如果聽眾都是成人，多少還會維持最基本的禮貌，鼓掌歡迎我。不過，學生會單純地表現出自己的情緒。

都已年過半百，上過好幾百次電視節目，甚至工作經歷也相當豐富的我，竟然產生「情境重現」的錯覺，受當時環境所左右。很令人意外吧？

我對老師表達了我的情況，並請他給我一點時間，讓我重新振作情緒。接著，我也穩定住自己的心情，一面閱讀前一天所準備的筆記，一面重新思考，自己究竟是為了什麼來到這裡、想表達哪些事情，又希望學生怎麼作呢？我已經管不了那麼多，不如直接傳達我最真實的想法吧。重新上台後，我先說明自己為什麼會突然說不出話。

「大叔我啊，現在雖然可以和宮根先生一起在電視上耍寶，但在各位這個年紀時，光是站在講台上就會像現在一樣不斷顫抖。」

這樣說明以後，似乎讓學生產生了一絲親近感。雖然因為我個人的狀況，開啟了其他話題，但反而可以如實說出真心話。

我自己也很訝異這種突發狀況出現，相對的，我也很慶幸自己為了預防萬一，都會確實做好講稿筆記、確實準備。雖然往往派不太上用場，但我真的覺得有認真準備太好了。

另一件讓我覺得因禍得福的，是我也藉此和一位原本不願聽老師說話，也不想讀書的女孩溝通成功。她並沒有自暴自棄，只是覺得自己明明在讀書以外的事也十分努力，為什麼周遭大人都無法理解而相當痛苦。

我則引用過去父親對我說的話，對她說：「不讀書也可以，只要拚命努力做自己喜歡的事情，並成為該領域的佼佼者。不過，現在正是你人生中頭腦吸收能力最好的時期，不如在此時多方學習吧。」她聽完感動地哭了。最後，我和學生一起享用營養午餐時，她還說著：「這個是給你的禮物。」就將自己最喜愛的牛奶給了我，這是最讓我開心的一件事。

孩子都是珍貴的寶物，而我則還有待加強。

接下來也該進入正題，說明具體的說話方式與「虜獲人心的方法」了。

第2章

打破心牆的祕訣

立好「作戰計畫」再不斷嘗試

首先，我想就許多人之所以認為自己「不擅長說話」這點，提供我的見解。不擅長說話的人，通常會覺得自己不擅長與他人相處吧？

請各位想像一下：在公司走廊與認識的人擦身而過時，或與陌生人一同搭電車時，並不會有什麼緊張的感覺，若遇到曾見過面者，點個頭即可。不過，若要對陌生人說話，反而會被當成怪人。

另一方面，偶然巧遇自己的好朋友，則會感到非常開心，也不會產生「不擅長說話」的感覺。

也就是說，仔細看來，我們並不是不擅長與他人相處，但只要與陌生人開始溝通，就會感到艱辛。

現在的我則會這麼說。

「在與他人溝通時，必須了解人與人之間一定會存在屏障。有一道隔閡也是理所當然的！」

認為自己不擅長說話的最大原因，就是當自己準備說話、希望與對方搭話時，卻感受到自己與對方間的隔閡，因而產生壓力及恐懼，導致身心都畏縮，小時候的我就是這個樣子。

偶爾會遇到十分體貼，會說些溫柔話語的對象。這麼一來，我們也會鬆一口氣，並徹底消除緊張，但會這麼做的人並不算多數。大部分情形，都是對方也覺得自己「不擅長說話」，只能互相觀察狀況。

彼此之間有隔閡是理所當然的，其實不是只有自己覺得痛苦，對方也一樣不安。這是非常正常、普通的狀態，沒有必要害怕，甚至是討厭起自己。

只是問題在於，雙方互相觀察狀況後，也遲遲無法開始溝通。若在工作等場合，必須確實建立雙方的關係時，就會感到困擾。同樣的，在私底下也難以增加新的朋友。

必須要有一方先打破隔閡或是減少雙方屏障，才能展開下一步動作。

在國外，與他人見面時習慣握手，這個訊息代表「我對你沒有敵意，可以的話，甚至希望與你建立有意義的關係」。

日本人常以敬禮代替握手，但偶爾與初次見面的外國人或日本人握手，反而可以透過雙方的體溫，奇蹟地消除緊張感，並產生信賴對方的感覺。

這應該就是消除隔閡、打破屏障的瞬間吧。

因此，覺得自己「就是不擅長說話」者，**只要盡早消除自己的心牆或隔閡，就能與他人建立更良好的關係。**

若對方搶先一步這麼做當然非常幸運，但既然都要打破心牆，不如先從自己做起，才是最理想的狀況。

而這雖然不是我或宮根先生的經驗，但只要彼此的心牆能徹底消除、建立良好關係，一開始是由誰先卸下心防的，不過就是件會被遺忘的小事了。

當雙方開始談話、加深關係後，所產生的共同記憶與回憶，遠比誰先卸下心防來的更深、更多。

日本人通常不會與他人握手，因此「與他人談話」時，我也想了一些可取代握手的方式。

毫無計畫的戰爭只會失敗

只要自己與陌生人之間有一道屏障，就必須以「作戰」打破心牆。

這裡所謂的「作戰」，是超越擅長虜獲人心，或是不擅長說話等個人感覺的方式。最厲害的例子，便是存放於宮根先生腦海中，可在短時間內統整對話內容的各情況應對方式。請盡可能認識更多人，嘗試打破雙方之間的心牆或隔閡，並在腦海中累積各種情況的作戰經驗，就能找出最符合當下狀況的方式。

如此一來，就能超越擅不擅長與人說話的觀念，只需要判斷結果是否理想，再確認自己所使用的作戰方式是否正確即可。

當然，就算立好作戰計畫，也可能有失敗的時候。即使是那麼厲害的宮根先生，至今都無法接受自己的失敗，仍持續練習當中。然而，未曾思考作戰方式，只是順其自然而失敗；與認真思考該如何作戰，只是最後失敗了，二者之間則是天差地遠。

我認為，毫無計畫的作戰，會失敗也是理所當然的。就像是國中一年級擔任班長的我，在第一學期時的狀態一樣。雖然成功當上了班長，卻不知道自己該做什麼、該怎麼作，當然也一事無成，因為當時並不瞭解努力的方式以及練習的內容。

不過，當我碰巧透過模仿讓全班哄堂大笑後，了解到只要先利用笑聲緩和全場氣氛，就能順暢進行下一步流程。因此，我更開始思考「如何逗笑眾人？」等作戰計畫。

如此一來，恐懼感也消除了不少。即使偶爾出錯，只要調整方式、作戰內容即可。尤其「以笑聲緩和氣氛」的主要目標並未改變，只要隨時朝著這個方向挑戰、累計「勝利」的經驗、了解失敗時如何調整，並加以改善，就算這次失敗，情緒也不會過於低落。

正確答案並非永遠都是正確的，錯誤的答案也並未永遠都會是錯誤。有時錯誤答案與另一個錯誤答案互相結合，反而會產生最正確的結果，原本屹立不搖的正確答案也可能造成反效果。

最重要的是擬定作戰計畫，並多方嘗試。具體來說，只要增加測試次數，就能更快速找出適合的作戰方式。

而從他處得知的題材是否適合自己使用，也必須試試看才知道結果如何。我在本書中所提到的話題，或是之後從他人口中、書籍、報紙或是網路所得知的有趣題材，並無法直接用在自己身上。必須試著將這些題材整理成屬於自己的話，再從自己口中說出，經過多次失敗，調整出最理想的結果。

無論是宮根先生的談話內容、搞笑藝人的點子，還是演講中聽聞的趣事，都是經過每個人的努力才創造的結果。我們實際聽到時，這些話題與敘事方式都已經過多次整理、調整，才能讓這些人看起來才華洋溢、十分聰穎。但事實上，這些人在私底下經過多少次的調整、改變各種細節，才能呈現出這些結果，反而更令人感到有趣。

這與在水面上優雅游動著的天鵝，卻在他人看不到的水面下拚命划水的道理相同。

在七小時不間斷談話中學到的經驗

「平田先生在電視節目或遊覽車中，為什麼都可以這麼談笑風生呢？該做好那些準備呢？」

我曾被問過這些問題。

就算說必須做好準備，也不清楚究竟該做什麼，又該準備到什麼程度吧。其實，擁有超過三十年導遊經驗的我也是一樣，沒有辦法知道準備到什麼程度才恰到好處、怎麼做才能錦上添花。過度仰賴自己所準備的事物，反而會讓自己喪失臨機應變的能力。然而，事前準備仍是十分必要的，我想說個讓我徹底體會這個道理的故事。

事情發生在很久以前，我還是學生時。當時受到其他學校落語研究會、交情不錯的朋友邀請，到滑雪旅遊活動中打工。

雖然說是「打工」，卻一毛都沒有。那時候學生間正開始流行滑雪，還會舉辦遊覽車旅遊，從關西遠至長野縣的栂池、斑尾等地。人氣之高，就連遊覽車的候補座位也被一掃而空。

我們負責在當地的夜間派對炒熱氣氛，每天工作幾個小時，就能盡情滑雪，當然相關用具也可免費使用。也就是說，只要在夜間派對主持或說些笑話，就能免費參加滑雪行程。

當時尚未有完善的高速公路設備，從大阪到長野縣內的滑雪場單程就需耗費七小時，這段時間內枯坐著或睡一整路也很無趣。因此，別台遊覽車的某大學學生，就決定和我來場競賽。「平田同學，要不要挑戰七小時不間斷談話比賽？講最久的人贏！」

條件很簡單，只要從出發時拿起麥克風，不斷說話就行。不管是搞笑、即興談話、開其他人玩笑，還是轉播車外風景都可以，總之先說不下去的人就輸了。

現在寫起來看似簡單，但即使是口條不錯、稍有技術者，要在毫無準備的情況下單獨說話一小時都很不容易。

就像是將一個人突然帶進廣播錄音室內，立即開始現場直播一樣，沉默不語就會造成收錄時的問題。現在要把這情況延長至七小時的比賽，說起來也是有勇無謀的決定。

這時候，我即興編出來的題材是「報恩系列」。也就是惡搞童話故事，改編成各種搞笑版。雖然看起來很可笑，但還是讓我稍微介紹一下吧！

【香菇報恩】

很久很久以前，有顆從山上下來的香菇，被孩子們追趕，甚至還遭受棍棒的欺負。

「喂，你這是什麼啊？這個褐色的傘！」

香菇頭上的傘不斷被棍棒攻擊，渾身是傷。這時，剛好經過的浦島太郎對孩子們說：「我給你們一人五十日圓，放過香菇吧！」孩子們才說：「既然這樣就放過你吧！」拿了錢後一一離去。

香菇不斷對浦島太郎道謝，說著：「真的很感謝您幫助我。」之後，也回到山上去了。

到了某個下著大雨的夜晚，浦島太郎家門外傳來叩叩叩的敲門聲。浦島太郎正疑惑這種天氣會是誰來拜訪，開了門後，發現外頭站著一位戴著大斗笠的女性。

「我遇到這場突如其來的大雨回不了家，請收留我一晚吧，拜託您！」

浦島太郎同情這位女子，便讓她進入家中。不過，怎麼看都覺得這名女子有點奇怪。

「小姐，請冷靜下來，進到屋內總可以把斗笠拿下來了吧？」

「非常不好意思，我知道這樣很失禮，但只有這頂斗笠，請允許我繼續戴著。」

因為女子不斷懇求，浦島太郎也不再提起斗笠的事情。

女子為了感謝浦島太郎的收留，便提議要做飯回報，這對浦島太郎來說也是再好不過了。不過，女子卻這麼告訴他：

「我煮飯時，請不要偷看。」

女子製作的料理十分美味、豐盛，尤其那碗湯，更是好吃到下巴都快掉下來。浦島太郎非常高興地說：「從來沒喝過這麼美味的湯！」

但隔天、再隔天，甚至是再隔了一天，外頭仍持續下著滂沱大雨。女子每天都會用心製作餐點，浦島太郎也得以品嚐美味的湯。

真是一段令人無比幸福的時光。

這時，浦島太郎卻注意到一個現象。那就是女子每做一次飯，她頭上斗笠就會越來越小。

到底她在廚房做了什麼呢？浦島太郎實在太好奇，便偷偷拉開廚房門簾的一小角，偷看女子做菜的樣子。

結果怎麼樣?女子竟然一邊忍著疼痛，一面將自己的斗笠、不，是身體的一部分割下，再燉製成高湯。沒錯，這個戴著斗笠的女子，就是之前的那顆香菇！

浦島太郎太過驚訝，便不小心發出了驚呼聲。

渾身是傷、看來十分可憐的女子這時十分平靜地說著：

「終於還是被您發現了呢。沒錯，我就是當時您所救的香菇。為了回報您，決定燉湯給您喝，但既然您看到我的真面貌，我就必須回到山中了。」

就這樣，女子恢復成香菇的樣貌，也回到山上去了。

全劇終。

※　※　※

……像這樣，雖然我說得滿頭大汗，講到一半又早被看穿結局，但反而變得更有趣。

講完這個故事後，接著我又改編了童話故事，「鰹魚的報恩」。

「你這傢伙，為什麼要穿著銀色、像是魚鱗的衣服！」主角解救了這樣被孩子們欺負的鰹魚後，某個大雨的夜晚出現了一位穿著閃閃發亮的銀色腥臭服裝的女子，要求讓她過夜。接著，又做出了非常美味的湯報答主角。但每天晚上，廚房都會傳出磨刀的聲音……。

好了，後續也不必再說了吧。

隨口胡謅、毫無準備的各種「報恩系列」故事，讓我一面冒著冷汗，一面講了整整七個小時。說著故事時，還要繼續想接下來的故事內容，讓我十分佩服自己。順帶一提，跟我挑戰這個比賽的對手，之後成為笑福亭松鶴大師*1的弟子，現在也已坐上高座*2，升格為笑福亭竹林大師了。

無論是帶團還是演講，我都會充分準備再前往現場，從來不會覺得麻煩。現在回想起那段遊覽車的旅程，就會後悔當初沒有做好準備。

*1譯註：日本傳統表演技藝「落語」名師，其名代代傳承，此處所指的是第六代。
*2譯註：落語家說故事的舞台稱為「高座」，代表已出師，可獨立表演。

「看起來很開心的人」較討人喜歡

外國人在與人握手的同時，也會露出笑容，尤其美國人特別明顯。

在不同種族、文化及宗教的人們一同居住的國家中最重要的，就是顯而易見的友善了。看到他人時，首先會警戒對方是否為小偷或強盜的國家，反而占了全球國家的大多數。可見笑容是一種禮貌，也是一種安全措施，還可搭配握手等動作。

日本的治安非常良好，所有居民的文化大多相同，並不需要如此顯著的態度以分辨他人。

不過，光是見到笑臉，就會感到十分輕鬆。還可以在說話前，減少雙方之間的隔閡。

該怎麼說話才好、又該說什麼，這我會在之後的章節詳細說明。**不過，若想順利與人交談，最簡單也最能快速實踐的方式，便是開心的表情。**

在日本這個國家，應該不太可能有人接近他人後，就立刻拔槍相向吧！但是，不清楚朝著自己說話的人究竟有什麼目的，又帶著怎麼樣的情緒時，總是會感到不安。也許對方會對自己發怒，或是要向自己抱怨也說不定，甚至可能一臉無聊地對自己回答一些很制式的句子。如此一來，雙方之間的心牆就會越築越高、難以突破，更不用說增進雙方的關係了。

只要在見面之初就笑臉迎人，也能讓對方安心、消除不安情緒。至少可以知道彼此並沒有敵意，接著若能以較和緩的態度回覆對方，就能消除雙方的緊張情緒。如此一來，一開始就笑臉迎人者，也會因為自己獲得理想的回應而逐漸降低心牆，讓雙方談話更為順暢。

「看起來很開心的人」較討人喜歡，我想是全世界共同的原則。

若有兩隻外觀一樣的狗，其中一隻只要一碰就會不斷怒吼，另一隻則會發出撒嬌聲，並搖起尾巴。請問哪一隻比較可愛呢？

狗狗一被觸碰就會感到開心時，也令人充分感受到其好感。

這個道理也可應用在人與人之間，遇見他人時，以一般的表情打招呼，或一臉開心地望著對方雙眼，笑著打招呼，雙方所獲得的回應也會截然不同。就算心中苦悶難過，或是懷抱著許多煩惱，還是希望你可以笑臉迎人，這麼做絕對可以獲得更好的結果。

所謂「笑意笑意，笑出生意」便是如此道理。人生中有一半的事是開心的，另一半則是艱辛的。就這角度看來，我也沒有意外地曾經歷過各種煩惱、失敗、不如意與阻礙，並不會比其他人更少。

在這些時候解救了我的，也一樣是曾關心過我的每一位以及滿懷期待參加行程的旅客笑臉。

因此，我才會認為不管發生什麼事，仍須盡量維持喜悅、開朗的表情及態度。

「看到你的臉，不知道為什麼就會開心起來。即使沒有事情也可以隨時過來喔！」

聽到這樣的話，往往讓我開心得不得了。

沒有人看到視線老是朝下的人、不看著他人說話的人、一臉無趣的人、徹底表現出怨恨或嫉妒等情緒的人，還會覺得對方討人喜愛的，更別說是被這些人所吸引了。

無論各位讀者還是我自己，都希望能帶著笑臉、開心地度過每一天，任誰都是這麼想的。

與在觀光地「觀賞光明」一樣，大家都想見到他人開朗、喜悅的表情。既然如此，就算內心正在流淚，也請擺出笑臉。這麼一來，對方也會報以笑臉或相同的反應，進而安慰了自己正暗自哭泣的內心。

找出共通點

談完笑容之後，下一個要建議大家的，是**「找出雙方的共通點」**。最能有效打破雙方心牆的，就是找出彼此的共通點，任何一項都可以。

舉例來說：

「不好意思，請問您是哪裡人？」

「我是奈良人。」

「果然如此！我就在想您是不是奈良人呢！我也是奈良人，我家鄉是吉野大淀町。」

照這個方向開啟話題後，我就能在一瞬間掌握話題。

最常見的共通點，便是雙方的家鄉。若能找出雙方共同的母校、工作的行業、目前工作地或住家周邊環境，甚至是共同的朋友等，就能一舉拉近雙方的親近感與親密程度，促使話題繼續進行。

如果家鄉相同或距離不遠當然就能順暢開啟話題，就算共通點較遠也無所謂。無論是自己父母或另一半的家鄉、好朋友的家鄉，甚至是過去工作過的地點、多次因旅遊造訪過的地方等，任何事情都可以是雙方的共通點。

我只要與人初次見面，就會特別注意對方說話的腔調及措辭。例如以東京腔說話，但其實出身關西者，其話語中往往會殘留著一些關西人才懂的習慣。又或者雙方皆為關西人，但說話方式仍會依出身的地區而異。這時我通常會問：「如果我搞錯了很抱歉，但您是不是〇〇人呢？」若成功猜對，對方也會感到驚喜，就算猜錯了，也可順勢知道對方的家鄉在哪裡。

與人初次見面時，無論之後要談論的正題為何，都可利用這些乍看之下毫無關係的話題找出共通點，也能獲得較多收穫，並增加彼此間的信賴感。

接下來要推薦的方式，則是**「握手」**。

日本人並沒有握手的習慣，因此明明不是外國人，卻突然要握手，容易令人產生警戒心，甚至有被誤認為是怪人的危險。

不過，只要找出雙方的共通點，雙方意氣相投之後再握手，結果就全然不同了。

拿前面的例子來說吧！我會在說完：「果然如此！我就在想您是不是奈良人呢！我也是奈良人，我家鄉是吉野大淀町。」之後的瞬間站起來，與對方握手。這麼一來，對方不會警戒，更不會產生厭惡感，反而還能加深比彼此親近程度。

其實也不一定僅能透過握手拉近關係，只要是肢體接觸就可以。

試著找出彼此間更多的共通點吧！

例如同一年出生、家鄉都在同一個地區、常因為同一個搞笑節目而大笑、是同一個偶像的粉絲、喜歡同一種零食等，若雙方有這麼多共通點時，只是握手又稍嫌不足。此時還可以將手放於對方肩上搖晃、貼近對方，甚至是半開玩笑地抱住對方都可以。

下一次見面時，還能特意走到對方身後嚇唬他，或者輕捶其肩膀等，以不同的方式接觸也十分有趣。

都已經老大不小了，這麼做不會太誇張嗎？也許會有人這麼想吧！不過，實際被他人如此親近時，意外地會感到相當開心。**我想就是因為老大不小的日本人不會做這些行為，才特別具有價值吧！**

然而，請絕對避免騷擾行為。若對方為異性，只要發現稍微厭惡的表情，就請立即停下動作。

「雙眼」是內心的溫度計

不擅長與人說話的想法，也許源自日本特有的背景。

對方所說的內容或是對方聽自己說話時的態度，究竟是真心話還是表面話、是否打從內心感到開心、是否只是阿諛奉承、對方是否只是配合自己而回話……即使開始對話，仍有這些無法窺見的問題存在。

我與人說話時，會隨時看著對方的雙眼。當然，這也具有提高信賴程度的效果，但最重要的，是可掌握對方當下的內心狀態。

我也是個凡人，常會在不自覺間說了太多自己喜愛的事物，讓話題變得過長，聽眾也會感到無趣。

自己講到興頭上時，往往來不及踩下剎車停止話題。此時，只要隨時注意對方的雙眼，仔細觀察反應，就能知道對方是否已感到無趣，或是希望聽到更多相關的話題。

看著對方雙眼說話最重要的功能，就是能避免不小心激怒對方，或是因談話時間過長造成對方不悅。當然，有時也難以避免這些事情發生，但只要發生了，就須盡快向對方道歉。

我們與他人說話時，並無法了解對方的所有。反過來說，正是因為不了解對方，才會開始交談。

因此說話時，可能會提到對方並不想談及的話題，或自己認為只是單純閒聊，卻不小心越講越激動，甚至產生怒氣等。不過，只要是成熟大人，就必須盡量抑制這些情緒，仔細留意談話內容，避免造成他人不快。

也就是說，必須及早、確實注意對方內心的溫度。

正所謂「雙眼比嘴巴更掩藏不住心中的情緒」。

生氣時即使說出的話察覺不出怒氣，仍能從豎起的眉梢窺知一二；對方對談話內容不感興趣時，雙眼會與見面之初的模樣相同；若對方打從心裡喜歡當下的話題，甚至還感到開心時，眼角則會自然下垂。

我在擔任導遊帶團時最重要的工作項目之一，便是隨時確認全團所有旅客的雙眼。當然，這些旅客都是對我們有興趣，才會參加平田屋的行程，基本上都不會過於不悅，大部分旅客的眼角都是下垂的。

不過，旅客中也確實有些人的雙眼透露出不悅的訊息。

原因可能包括我說了對方不喜歡的話題、對行程的內容或餐點感到不滿、暈車、身體不舒服，或是回想起昨晚跟丈夫吵架的內容等，僅依據雙眼的訊息，並沒有辦法判斷出確切原因。

但可確定的是，這些旅客的心中的確有些不悅情緒。

必須盡早發現這些變化。

該道歉時就要道歉，需要改善就得立即改善。然而，偶爾也有無計可施之時。

若旅客是因與丈夫吵架而不悅，或是最近生活較不順遂，難以產生開朗情緒等，這些問題我也無法協助解決，只能說句：「若是我搞錯了很抱歉，但您看起來似乎沒有什麼活力，還好嗎？」讓對方知道，我已經察覺到他寂寥的心情。

有些事情即使與人商量也無法解決，但至少能聽對方說說話，對方也會十分感激。

隨時注意他人的雙眼，才能掌握對方內心的溫度。

「有趣的故事」不能空有內容

我每天都會這樣自問自答：

「究竟什麼才是有趣的故事？」

很奇怪吧？「帶團時講得天花亂墜的人，是在說什麼啊！」自己都想這麼吐槽自己了。

不過，無論如何，我從小就難以對這個問題感到滿意。

每次獲邀演講時，都可見到男女老幼、形形色色的聽眾。我還能從講台上，清楚見到每位聽眾的臉。聽眾中，有認真聽著我演講的人，也有不少一臉無趣，只是為了義務、無可奈何地屈在座位上的人。我是一位導遊，只要見到聽眾的表情就了解了。

託各位的福，參加平田屋行程者，多半打從內心喜歡我們的企劃。這真的很令人感動，但正因為如此，演講時看到聽眾一臉無趣的表情，反而更容易受到刺激。

這是為什麼呢？該怎麼做，才能讓這些人開心呢？

我獨自搭電車時、泡澡時，只要一有空閒時間，就會思考「有趣的話題到底是什麼？」

某年過年發生了一件事，我每年都喜歡一面啜飲著屠蘇酒*，一面欣賞收到的賀年卡。每張賀年卡中都有著不常見面者的近況、對於新年的想法，讓我得以透過明信片上的隻字片語，想著這些朋友。

不過，這些賀年卡中，也有採印刷方式印上自己的署名及所有內文者。對方特地寄送賀年卡給我，我當然十分感激，但寄賀年卡給我既不是義務、也不是什麼必須特地做的工作。這種賀年卡僅讓我覺得，若沒有什麼想傳達的話語，就不必特地寄給我了。

*譯註：一種源自中國的藥酒，古人習慣於農曆春節時飲用，但日本的過年為西曆，故日本人會在元旦時飲用。

印刷精美的賀年卡中，除了畫有漂亮的生肖插圖，還會加上禮貌的慶賀用語、過去一年對眾人的感謝、希望未來還能多多指教等文字，但內容完全無法打動人心。不僅無趣，也毫無意義。

此時，我才突然發現。

這張賀年卡中，並沒有傳達任何意念的心。沒有任何想法，當然無法代表任何意義。

想傳達任何想法給他人時，就必須有強烈的意圖，否則無法實現。話語的內容固然重要，但希望傳達這些話語、希望讓人知道、讓人感到開心等，存在於內心的想法才是最重要的。

雖然賀年卡上的一字一句完美無誤，但就連一個字都不願意親手寫的賀年卡，當然也無法帶給他人感動。此時，我看到一張用橘子汁寫的「隱形墨水」賀年卡，感到相當驚訝。「現在還用隱形墨水寫賀年卡，又不是小學生！」雖然我這麼吐槽，還是立即拿到廚房的瓦斯爐開火加熱明信片，一邊喃喃自語「我來看看，會出現什麼字呢？」一邊等著文字出現。

而出現在賀年卡上的文字，則是「新年快樂，今年也會繼續努力！平田先生，還請您多多指教！」並非什麼特別的內容。如果相同的文字出現在印刷的賀年卡上，我只會覺得這不是特別寫給自己的文字，很快就遺忘了。

不過，必須特別加工才能看到的隱形文字，令人看了以後產生「這傢伙是認真的。好！我就多教教你吧！」的感覺，畢竟對方特地擠了橘子汁才能寫出這些字。

我認為，有趣的故事不能空有內容。只要有想認真傳遞的心情，無論內容為何，都能打動人心。

透過閒話家常增加信賴感

與人初次見面時，須互相尋找彼此的共通點、利用「握手」等動作增加肢體接觸，但即使是見面多次的對象，也不會減少其他話題，直接進入正題，**我一定會說些與正題無關的閒聊。**

贈送平常非常照顧自己的人禮物時，必須以包裝紙包起禮物，甚至還會加個緞帶，同理可證，突然進入正題，就像是直接贈送未經包裝的物品般失禮。也就是說，無法順利閒話家常時，就像是禮物胡亂包裝，或是繫緞帶的方式錯誤般奇怪。

百貨公司內，負責代替顧客包裝禮品的店員會接受確實的教育。不過，與他人說話時，並沒有這般人物可以代替自己說話。必須教育自己，確實包裝好每一句話才行。

那麼，究竟該怎麼做，才能順利閒話家常呢？我想不少人應該都受這個問題所苦吧。

請先了解作為暖身用的閒聊最大原則，「**為了讓對方開心**」。與他人說話之初須分辨清楚的，就是對方為喜愛說話的類型，還是偏好傾聽的類型。

若對方較喜歡說話，就不須自己開太多話題，甚至不說話較為理想。就像百貨公司的店員被顧客拒絕後，不會煩人地推薦商品一樣。

對於對方來說，有趣的話題就是「自己覺得有趣的事情」。若對方有較多話題想提出，只需要一臉開心地傾聽、附和或答腔，就可構成「對方覺得有趣的故事」。

若有不了解的事情，也可透過請教的方式提出疑問。這麼一來，對方會認為自己對這個話題也有興趣，自己也可獲得新的知識，可說是一箭雙鵰。只要重複這個模式幾次，就可在不自覺間獲得對方的信賴感，甚至成就一番大事業。

我認為，漫畫《釣魚迷日記》中，其實蘊含了許多基本商務之道。主角濱崎乍看之下一事無成，卻可透過擅長的「釣魚」結識他人，更在社會中建構理想的人際關係，衍生出更完美的結局。

對方較偏好說話時，可確認對方感興趣的話題，提出最新的新聞或關鍵字，讓對方自由自在地談天。

無論是狂熱的阪神虎球迷、歐洲足球迷、寵溺孩子、喜愛談論政治、減重話題，還是最新型的智慧型手機，只要在多次見面中，依序提出新聞或電視中蔚為話題的事物，一面觀察對方雙眼，確認對方是否樂於談論該話題，並筆記於對方名片背面即可。

二十多歲時，只懂得一股腦強調自己能力的我，就做不到這個「暖身用的閒聊」作業。光是自己的進度、修飾自己就已精疲力盡，根本無暇注意對方的情緒。

其實，順暢開啟談話最重要的關鍵，掌握於對方手中。但年輕時，我並未注意到這個最簡單的道理。

不如從見面之初，就以「收集對方可能感興趣的各種資訊」為談話目標。掌握各種新聞，即使是自己早已知道的事情也裝傻不知；偶爾帶著經濟雜誌、偶爾帶著體育報紙出現，有時又談起私人事情，只要設身處地站在對方的角度，了解對方的想法、興趣，就能找到閒聊時的關鍵話題。

一開始就說出最有趣的點子

一對一談話時，可依據對方的類型，時而傾聽、時而談話。但擔任導遊，或在眾人面前演講時，基本上都是以自己一人說話為主。

必須自己開啟話題時，我的基本招式就是「毫不吝嗇地使用『絕對不會失敗的話題』」。

我會在腦海中先準備五個綜合各種新聞、風氣、聽眾興趣與自己想法的話題，並排出順位，**在一開始就提出最有自信的話題**。以壽司為比喻的話，就是一開始就點海膽、鮪魚來吃，而非普通的白肉魚。

也許有人會擔心，最有自信的話題仍然失敗了該怎麼辦？此時就無計可施，只能嚴肅地進入正題。不過，若捨不得拋出最有趣的話題，只先提出第三有趣的題材，卻不受歡迎時，就算之後說出最有趣的故事，**也會因為聽眾的情緒早已沉澱，無法徹底發揮炒熱氣氛的能力。**

通常無法一舉逆轉情勢，因此避免「逐漸提出有趣的故事」才是賢明之舉。設計橋段或話題的階段，必須將最有自信的話題視為球隊上最強的先發王牌投手，並努力鍛鍊其能力，以提升效果。

我思考必備話題的一大原則，就是「描述自己的經驗」，題材可從報章雜誌、電視節目、廣播節目、網路或社群軟體取得。

不過，就算透過這些媒介取得的題材再怎麼有趣，也不能直接當作自己的必備話題。

因為自己並未出現在這些話題中。

描述和題材相關的親身經歷、自己遭遇的事情，**即使口條不佳，也要用自己的方式訴說**，沒意義的自我膨脹、虛張聲勢也是沒有用的。

以我的情形來說，最有效果的題材是「與老婆的對話」。

例如在家看電視時，老婆曾說了這些事情；自己不在家時，鄰居發生了那些事情；親戚間的事件等，以這些真實發生的生活話題為基礎，再增加內容的豐富程度。

一開始的關鍵，就在於話題的基礎必須是「曾經發生過的事情」。只要發生了看似有趣的事情，就立即記下筆記。不過，直接使用這些內容並不會產生多大的迴響。頂多只能是棒球隊的第五棒吧？

因此第二步是將記下來的話題適當地「加油添醋」，把話題變成更有趣、更淺顯易懂的故事。也可以在此時加入新聞事件，讓故事和現實產生對照。這麼一來，原本枯燥無味的新聞，就能變成自己專屬的趣味題材。

假設我的太太聽到某戶人家婆媳問題的八卦，最近雙方的爭論越來越激烈，甚至連鄰居都可以聽到婆媳怒吼的聲音，讓大家都很擔心。這件事情看起來，就只是單純的鄰居家問題。

若在這時候，出現了一條新聞，內容為一隻逃脫的猴子闖入住宅區，並造成一陣混亂。沒想到先前提到有婆媳問題的家庭，突然傳出「吱吱」聲，驚動了附近的孩子，喊著：「有猴子！」結果，警察及市公所的職員全都聚集到這個住宅區，還用網子抓住了婆婆，引發一連串騷動……話題就可如此延伸下去。

當然，後半段只是單純的故事。前半段則是他人的八卦，但光是這前半段的八卦，就能成為我談話時的最佳題材。

建議練習之初，可貪心地創造各種不同話題。也須大量記錄可成為話題核心的自身經驗，並不時重新檢視。如此一來，就可以在腦海中結合其他事件，瞬間產生新的故事靈感，進而寫出更豐富的內容。

等到自己的技巧「成熟」至一定程度後，就請盡量嘗試吧！這就是檢視技巧的表演賽、練習賽。累積各種題材後，可學習如何依據對方的興趣及傾向，分辨使用的話題。

毫無話題時就討論美食！

認為蒐集各種題材的門檻太高，無法找到這麼多話題者，請讓我提供最基本的方法吧！

最基本的話題就是美食資訊，這是話題之王、基本中的基本，也是最多人感興趣的王牌主題。

每個人都必須吃才能生存，更希望能盡量吃到美味的食物，並受其感動。美食話題的範圍相當寬廣，為了符合眾人的期待，就連我們導遊也得常常蒐集相關資訊。

不是專家就不能蒐集美食資訊嗎？並非如此。當自己目前並無任何題材可用於閒話家常，或是仍缺乏創造有趣話題的能力時，就可透過美食主題一舉突破困境。

找出主要項目的方法有二種：第一，選擇幾乎沒有人討厭的大眾美食，如拉麵、壽司、燒肉、咖哩、烏龍麵、豬排、大阪燒……總之，請先蒐集最多人喜歡的料理。

第二個方法，便是了解常見面者的喜好，並專攻特定美食。例如對方喜歡吃銅鑼燒、偏好黃豆麻糬、正著迷於麵條須先煮好的番茄義大利麵、只吃以海鮮高湯製成的拉麵、收集夢幻燒酒中……只要問出準確答案，就能蒐集到話題的關鍵。

一旦決定好美食的主題，就可透過美食雜誌、電視節目或網路等方式，蒐集好評店家資訊，接著請務必自行前往，並實際享用店內的餐點。

如此一來，就可利用自己的話描述許多美食資訊，例如只要避開用餐時段就能輕鬆進入店內、老闆的個性很爽快、店內有漂亮的女店員、店家位置很難找，容易迷路……各種獨家心得。這些訊息無法從電視或網路獲得，只能經由自己說出，更增加話題的價值。

對自己的味覺有自信者，還可多方比較，再描述自己的感想。若能依自己的想法，評論食物的水準、價格與口味的價值，就更不簡單了。

談論美食資訊時，最大的優點便是花較少的錢，卻可以獲得絕佳的享受。以我們旅遊業來說，就像必須花費較多金錢才能前往歐美國家，其中可搭乘頭等艙、住超高級飯店者又是首屈一指的富裕人家。而時尚、汽車、手錶、家具或不動產等共通話題固然不錯，要實際嘗試這些事物，一般人沒有一定的預算也無法達成，更別說是年輕人了。

不過，美食最令人感動的在於就算是最頂級的美食，也不常見到一客須超過五萬日圓的餐點。若以平民美食為主題，甚至拿出一千日圓還有找，還又可品嚐到廚師的真功夫。不只味覺，還能同時享受精彩的視覺及嗅覺。加上美食的價錢不一定與口味成正比，**餐點又貴又美味是理所當然的，但知道越多便宜卻美味的店者，更容易受到尊敬。**

認為自己毫無長處者，請先以美食作為必備話題。還可在最多人喜愛的拉麵中，選出特定範圍加以研究，作為入門的題材，待熟悉後再拓展話題範圍也不遲。

增強美食話題效果的最大關鍵，除了口味，還須提供有價值的訊息。只要特別了解某個範圍的美食，就能知道該店美味的原因、店家歷史、老饕才了解的享用方式或點餐方式、主廚的個性及工作樣貌、餐點美味的祕密等附屬資訊。告知自己這些資訊者，除了提供美味店家的訊息，更送上了各種「資訊」大禮，原因就在於這些資訊可直接告訴他人。

不斷累積這些資訊後，還能善於選擇應酬的店家。只要能任意在街上挑選出符合客戶喜好的店家應酬，就成為超級美食達人。我本身對於大阪各種獨家美食資訊也頗具自信，當然箇中奧祕請恕我保密！

伴手禮等於「物品」加「心意」

美食資訊不僅限於餐廳，若能活用本書至今所傳授的知識，還可用於伴手禮的選擇。

首先，對方已與自己見面多次，並了解其喜好時，就利用和美食資訊相同的方式事先調查，至店家實際品嚐口味再購買。

若能送上喜愛海苔者就知道的知名商品，或知道對方喜愛鯛魚燒，便至排隊名店買份剛做好的鯛魚燒，對方通常都會相當開心。

不過，與美食資訊不同的是，當收受伴手禮者未曾吃過該食物，請避免事先告訴對方自己的感想。反而還可在自己也還沒吃過的狀態就先購買，並當場和對方一同享用。

光是這樣專程花費時間、心力去購買伴手禮，對方就會覺得十分高興了。若商品好吃固然最完美，但就算口味不符合其名氣或評價過高，也可當作笑話看待。

最重要的是，欲拉近與他人的距離時，共同擁有一樣的經驗是最有效的方式。

例如一同完成某項艱難的工作、因為一場失敗互相安慰等商業上常見的經驗，或是說出：「其實我也沒有吃過這個商品，要不要一起吃看看？」讓對方留下深刻印象。

當然，單純送上禮物並沒有什麼不好。但在不清楚對方喜好的情況下，可能會送上對方不喜歡的物品。此時只能選擇自己喜愛的商品，或是眾人評價不錯的物品作為伴手禮。

不過，所有贈品的「主詞」，還是盡可能放在收受的一方身上較理想。

例如愛吃辣的人，就算收到很昂貴的日式點心，雖會感謝贈禮者的心意，但因為本身不喜歡甜點，難以在其腦海中留下印象。

另一方面，在對方正好被紙割傷時遞上OK繃、在對方感冒喉嚨痛時送上喉糖，都是不需花費大錢，卻能讓對方感謝萬分的小禮物。

而這類禮物往往也是最難準備的商品，但對方常提到各家排隊名店話題時，無論商品內容如何，只要是「到排隊名店排隊後才買到的伴手禮」，就能發揮物品本身的故事性及價值。同樣的，也可以送上現在最流行的東西、最新商品、對方未曾使用過的物品。因為這些商品與美食資訊的道理相同，無論是否美味，都充滿了話題性。

我的父親非常喜歡喝酒，而《LOVE ATTACK！》節目認識至今的好友畠山健二只知道這一點，便在某次到我吉野老家拜訪時，特地在淺草購買「電氣BRAN」帶來家中。順帶一提，健二是東京人。

「電氣BRAN」是關西幾乎無人知曉的酒，當然父親也不知道。此時，健二這麼說了。

「伯父，我聽說您喜歡喝酒，便帶了在東京驚為天人的酒過來。你看它上面寫著『電氣』吧？喝了以後身體會發麻的喔！甚至還有人一喝就暈倒了呢。」當然，這種酒並未在奈良大淀町販售，父親說：「畠山，真的嗎？」便半開玩笑地喝了下去。之後，父親又笑著說：「這個就算是我也承受不住啊！」氣氛更是和樂融融。

令人高興的，並不是電氣BRAN的美味。而是健二知道父親喜愛喝酒，便特地準備，從東京帶來父親至今未曾品嚐過的酒這件事。

製造可被吐槽的機會

在不知道該如何接觸初次見面者，或是認為與人見面後，不得不說話的狀況十分痛苦的人之中，最難受的應該就是業務工作了。尤其是跑外務工作者，更是嚴重。

總之，若想了解最快速的解決方法，我在此推薦最常用的方式。

這個方法就是：咬著玫瑰花。

現在就請立刻到花店，買朵玫瑰花吧。

「我又不是要跳弗朗明哥舞，我是業務呢！」也許會有人這麼想。但某天，當自己外出跑業務時，發現對方咬著一朵玫瑰花，又該怎麼辦呢？

「你在做什麼？」

「這樣很難說話吧！」

「你是笨蛋嗎！」

應該會不由自主說出這些話吧？

玫瑰花只是個比喻，**簡單來說，就是當自己難以創造話題時，便「製造可被對方吐槽的機會」**。

對著咬玫瑰花的陌生人吐槽：「你是笨蛋嗎！」其實也是一種溝通方式。以我來說，會當場拿下，但隔天又再次繫上印有玫瑰花的領帶到同一個地方跑業務。

因為前一天已與對方建立關係了，也許會被對方說：「咦？你就是昨天咬玫瑰花的人吧？」這麼一來，就可回答：「因為昨天被笑是笨蛋，今天便把玫瑰花收進領帶裡了。」用這些形式拓展對話。

等到彼此更熟悉後，再開始介紹自己公司的商品或服務。突然就開始販售物品，不會有人購買的。不過，若是「那個玫瑰花大哥」的話，就能提升成功機率了吧？這是因為被對方吐槽過後，就已確立雙方關係的緣故。

曾見過我上電視節目者，是否還記得插在我西裝領口的日本旅行旗子呢？寫上公司名的旗子是導遊必備道具，我會將它插在後腦勺附近，說著：「感謝各位支持！我是日本旅行的平田！」出場。

在電視節目上，所有表演都必須較為誇大。關鍵在於豐富的色彩，只要讓觀眾在客廳看電視時，想著：「這個大叔在做什麼啊，他是笨蛋嗎？」就代表表演非常成功。因為我被他人吐槽，也代表我已成功在對方腦海中留下印象。下一次，觀眾在電視上見到我時，還會對旁人說出「這個平田先生每次都插著旗子出場呢」等對話。

但就算是這樣的我，在商務會談中，也不會在頭部後方插著旗子出現。只是我會準備各種機會，供對方吐槽。

就像前面也提過的領帶花樣，只要使用較有趣或罕見的圖樣，就能炒熱當下的氣氛。若想增加時尚品味，也可使用領巾等配件。或者還能在胸前口袋或西裝領扣眼插入玫瑰花，令人感到有趣。

最近我愛用的配件，則是扣在西裝領扣眼上的徽章。之前我曾收到一個寫有「夢」字，並經過設計的漂亮徽章。因緣際會獲得這個徽章後，也讓我可以隨時懷抱著夢想，並與交情較佳者互相談論夢想這種「最高等級的閒話」。**為了讓人吐槽自己，也需要一些技術及創意。**

在不經意間凸顯自己個性

我從事旅遊業，因此他人與我談話時，通常也會以旅遊相關話題為主，這令我感受到對方選擇我較熟悉題材的體貼心意。

不過，若與對方已認識到一定程度，還只能談論工作話題，也有點空虛。越是具有魅力者，越希望能拉近雙方間的聯繫。

前陣子，我到理髮廳剪頭髮時，突然這麼覺得：

「一直看著鏡子裡的自己，還真討厭。」

就算我是個絕世美男，也看習慣自己的臉了。即使突然改變髮型為捲髮，要這樣看著自己長達二小時，還是有點膩。

若能在鏡子旁放些什麼就好了……

這時，我腦中閃過一個念頭。

這不就是「真實版Facebook嗎？」我心想。

詳情請待我在後續章節再描述，但Facebook最大的好處，便是可以了解對方不為人知的一面。

原來這個人喜歡這樣的音樂、喜歡這樣的作家；最近有好多人喜歡騎自行車；還有戒掉賭博等標記。

假設對方喜歡的活動為「房車露營」好了，看到以後，也許會出現「竟然有這個！其實我也超喜歡房車露營！」等相當訝異的一刻，這也是Facebook的魅力。

下次見到對方時，就可談論露營的話題，或者送上相關的伴手禮，想必對方也會相當開心。光是想像這些事，就令人覺得期待。

但仔細想想，**這些感覺可以發生在網路以外的世界。**

假設替我理髮的設計師非常喜歡房車露營，便將最近去露營的照片貼在鏡子一角，並寫上「最近去了哪些地方」等文字，會怎麼樣呢？若對照片有興趣者看到，便能成為雙方的話題，甚至正巧遇到興趣相同的顧客，還能利用此機會大幅拉近彼此的距離。而無興趣的顧客也只會隨意看過，畢竟是理髮廳，不須張貼得過度顯眼。

這就是真實版的Facebook。

一般人也可活用這個創意，如喜愛釣魚者，可在背包外掛上假餌等飾品；在筆電貼上相關貼紙；手機殼使用自己喜愛的人物圖樣；包包內稍微露出自己常看的專業雜誌；就算是平常僅能穿西裝者，也有許多在現實社會突顯自我個性的方式，請透過各種角度彰顯自己的個性。

平常僅能談公事、往往難與對方閒話家常，或只能聊正經話題，發現雙方竟有相同興趣時，就能一舉加深雙方關係。

「你也喜歡釣魚嗎？」

「你有養約克夏？我家養波士頓喔！」

「我也很喜歡哈利波特！」

如此一來，可創造至今曾未聊過的開心話題，進而提升工作的品質。

設計招牌台詞

如同時尚及興趣可突顯出個人特質般，言語也可創造出獨特的風格。

只要事先準備好專屬於自己的「招牌台詞」，就能快速掌控現場氣氛。

導遊帶團時，每到餐廳或旅館內舉辦宴席，一定會帶頭說點話再乾杯。

我一開始都非常普通地說：

「希望各位健康、幸福……乾杯！」

但這樣的內容實在很無趣。

不如改變一下吧？

經過多次測試，平田屋行程的宴席上，便改以「**恭喜！**」取代原先的「乾杯」。

「那麼，各位都拿到飲料了吧？請各位舉杯，讓我們跟往常一樣吧，請一起大聲說！」

「恭喜！」

第一次參加行程的旅客，往往會感到迷惑，覺得為什麼是喊「恭喜」？不過，參加多次的旅客則會認為，「不一起喊這句話就覺得不太對勁」。

健康地參加旅行、品嚐美味食物、與眾人一起歡度幸福的時光，對我或任何人來說，確實都非常值得慶祝。

尤其只要說出「恭喜」之後，宴席的氣氛也會不可思議地變得歡愉起來。將恭喜喊成習慣後，只要提到平田屋或平田進也，眾人便會聯想到「恭喜！」這句話。

時至今日，不只是乾杯的時刻，幾乎發生任何事，我都會強迫使用「恭喜」這二字。

「平田先生，今天還請您多多指教。」

「好的好的，今天真的是恭喜您了！」

「哎呀，春天這麼快就來了啊。」

「哎呀，真的是非常恭喜呢！」

「昨天本來想喝麥茶，卻不小心把冰箱裡的烏龍麵醬汁喝下去了。」

「哎呀，這還真是恭喜！」

「你是笨蛋啊！這一點都不值得祝賀！」

恭喜這二字已經變成我的個人特色，所以我幾乎所有場合都會使用。若不嫌棄的話，也請使用「恭喜」這二字吧。**其實，也可更換其他台詞，但請盡量選擇樂觀、積極的用語。**

此外，還有一種在他人說出好笑的句子後，當場活用的方式，但這屬於稍有難度的技巧。

搞笑的基本手法中，有個稱作「天婦羅蓋飯」的技巧，便是故意重複相同的段子、搞笑或招牌用語，創造更多笑意。但這不是隨時都能使用的技巧，必須抓準提出段子的時機。

最近我更在TBS的《Jobtune》節目上，實際應用了「真是的，我只在這裡說喔」這句台詞。因為十分有趣，名倉先生及原田先生*便順勢吐槽，以促使我重複說出一樣的句子。

*譯註：名倉潤與原田泰造，此二人與堀內健一同組成搞笑團體「Neptune」，三人也是《Jobtune》的主持人。

製造驚喜

我在設計旅遊商品時，有個特別重要的關鍵。

那就是「驚喜」。

也就是說，創造出乎意料的好結果，或提供超越原本期待的款待，令人感到驚訝。這種驚喜能帶給旅客多少滿足感，也會大大地左右旅途的好壞。

就像我第一章也提過的「復仇行程」，帶著太太們到北新地的高級俱樂部、看人妖秀等，就某個角度來說也是將驚喜直接設計成商品。這些太太平常沒有機會前往這些地方，因此一定會大吃一驚。

這種旅遊行程的價值，與平常走慣這些夜生活街區者所感到的快樂截然不同。

我們曾帶著喜愛韓國文化的太太到首爾，並以當地韓劇拍攝外景地為主，設計了一趟旅程。若旅客有意願，還會在晚餐後帶她們前往「江南」這個充滿有錢人及藝人的奢華街區中最新潮的酒吧。

這些酒吧充斥著最新韓劇中的氛圍，有些甚至是韓劇拍攝地，有些則常有明星造訪。

不過，太太們卻不敢自己走進店內。

因此，我們便與當地旅行社負責窗口聯繫，並提供事先計畫好的夜間驚喜活動。

每位旅客得知此訊息，知道自己可以實際體驗韓劇中的氣氛，都十分感激這個驚奇禮物。

不只有在旅途中才能創造驚喜，出奇不意替對方慶祝生日、突然收到禮物或花朵也是驚喜的一種。就像前篇曾提到的「咬著玫瑰花跑業務」，也是應用驚喜感的方式之一。

除了禮物的選擇，送上禮物時也能有點驚喜就再好不過了。不過，禮物並不一定得是昂貴的物品。**對於獲贈禮物者來說，相較於禮物的價格，收到**

禮物的驚喜程度反而更有意義。

帶平田屋的團，使用到遊覽車時，我會在帶團前先以零用金購買氣泡酒。雖然只是帶有漂亮櫻花粉紅色的玫瑰紅酒，價格也沒有香檳那麼高昂，我還是會事先藏在車上，不讓旅客發現。接著，再特別向旅館指定，將氣泡酒帶至宴席廳。

在帶領大家喊著：「恭喜！」並乾杯後，就會抓緊時機，宣告：「這個月生日的貴賓，請到前方來！」若當月壽星人數較少時，也可加入前個月或下個月的壽星。接著，再從冰箱取出氣泡酒，一鼓作氣打開酒瓶的軟木塞，讓壽星們乾杯、接受眾人鼓掌祝賀。

這麼一來，壽星都會十分感動。

平田屋的旅客多為時間較充裕、生活富裕者，雖然每個人都會說：「都這年紀還過生日，很丟臉的！」但通常都是謊話。果然，人不管到了幾歲，聽到他人對自己說一聲：「生日快樂！」還是很開心。

原創就是最強的創意

本章即將進入最後階段，目前為止所傳授的是否都能派上用場呢？在此，我也稍微公開一下自己所構想的段子！但這個段子的難度也比較高。我的招牌段子就是「河童的媽媽」，這是內行人才知道的平田進也獨門招式。

不知道嗎？這也是沒辦法的，因為這可是我獨創的段子。

這個段子起源於我的孩子還小時，即使想哄其入睡，往往難以停止哭泣，但若只唱一般的搖籃曲又太無趣了，我便決定自己製作較短的曲調，並隨心所欲創造各種與河童有關的歌詞，無止盡地不斷吟唱。

河童的媽媽啊～頭上有個盤子～

河童的爸爸啊～背上有一座殼～

河童的哥哥啊～手指間有水蹼～
河童的姐姐啊～常睡在河川裡～
河童小桃她啊～最喜歡小黃瓜～

「爸爸，好可怕！不要再唱了！」
「這首歌有一百六十五句歌詞，要聽嗎？」

因為過於恐懼，我的孩子也停止哭泣了。自此之後，除了大哭不已時，我還會在孩子做錯事時唱這首歌，取代處罰嚇唬小孩。

歌詞只有河童的某某人做了什麼事等，組合十分簡單，故內容也可無限延伸，我想我至少有編寫到一百六十五句左右。相對的，每次唱這首歌時，內容總是有點不一樣……。

這首「河童的媽媽」，就算在孩子長大，家中已用不到後，我仍牢記著歌曲，並隨時增加新的題材，更在參加平田屋行程的旅客面前哼唱。不管男女老少，聽到這首歌都忍俊不住，並喊著「好不舒服、搞不懂意義、是笨蛋嗎、字太多了、這樣我也可以編歌詞」等心得，車內氣氛也熱鬧到最高點。

沒想到，竟然獲得意想不到的人物讚賞。

那就是小藪千豐先生，是我從孩提時代研究至今的吉本新喜劇現任座長，也是提出「Koyabu Sonic」活動企劃的天才藝人，可惜這項活動已於二〇一四年結束。

過去，我在小藪先生及搞笑團體「笑飯」二人組的廣播節目中唱了這首歌，獲得三人的好評，更向聽眾募集有趣的點子，將歌曲製作成片頭音樂。甚至小藪先生還徹底喜歡上這個曲子，特地請工作人員提供聲音檔，並用於自己的手機鈴聲。

等等，平田先生，這個故事有什麼意義呢？確實，這個故事也許幫不上各位什麼忙。不過，我仍希望各位能記住這一點：

原創就是最強的創意。

先前我曾提過，提供他人美食資訊或餽贈禮品時，必須加上自己整理過後的話語。而「河童的媽媽」則是百分之百專屬於我的原創歌曲，與生意或任何事物都無關，所有內容都源自我自己的經驗與創意，還可以與他人一同哼唱、思考歌詞，產生共同的經驗。這種活動的趣味，又較玩撲克牌或其他遊戲所產生的樂趣更豐富。

若想聽到現場版的「河童的媽媽」，請務必參加平田屋的行程！

平田式記事本技巧

無論是談話技巧還是慣用句，往往難以在短時間內創造出自身的風格。**因此，一開始可參考他人的技巧，甚至模仿都無妨**，或可直接嘗試本書所提到的任何創意。總之，只要開始實行即可。

模仿他人的創意後，就能知道這些技巧是否適合自己，也能判斷是否適用於談話的對象。接著，再修改失誤處，加入自己的原創點子。

虜獲他人的心、利用談話逗笑聽眾等，其實是相當嚴肅的作業。必須不斷練習、檢視、反省、改良，與運動員的練習如出一轍。

除了部分的天才，**欲確實虜獲人心者，必須鍛鍊自己的口條。**

舉例來說，我每天一定會記錄自己的活動，也會隨身攜帶記事本。

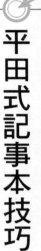

其中一種用途，便是「題材紀錄」。

只要想到「河童的媽媽」的歌詞點子，就會立刻記下來。除了這些點子以外，發生於自己身旁的有趣故事、稍微認真的想法、旅遊行程的創意等事物，都可以立即寫在記事本中。

以下為我目前記事本中的幾段話：

「被鄰居看到我清晨外出旅行的樣子了，不買些伴手禮就慘了。」

——這是在伴手禮專賣店內，鼓勵旅客購買商品時可用的句子一例。

「大嬸一定會隨身攜帶『都昆布』。」

「大嬸一邊說著：『好啦好啦，讓我上吧！』就強行進入男廁裏頭。」

……這些是什麼意思？（苦笑）

總之，我會將自己的親身經驗、自己所見所聞的事物、突發奇想的創意、似乎可利用的題材，以及可逗人發笑的話題等，盡情記錄在記事本上。

對我來說，記事本另一項最大的功用，就是「評分表」。

我會在當日的欄位中，記錄自己與誰見面、說了哪些話，並在結束時就立即為自己評分，打上〇等記號。

我通常會利用雙層圓圈或三層圓圈評分，幾乎不會使用△及×等符號。畢竟我也有三十年以上的導遊經驗，必須具備一定程度的趣味、搞笑能力。

以我的評分標準來說，雙層圓圈代表「令人意外」。也就是說，當天的觀眾或旅客雖有大部分都能獲得滿足，但我卻認為「還可以再加把勁」，並寫出許多有待反省處。至於三層圓圈則是我的及格標準，偶爾則會出現四層或五層圓圈。評價最高時，甚至還會出現漩渦狀的圖樣。

我這二十年來，都持續為自己的表現評分。

因此，每年記事本都會被自己寫得黑壓壓。

畢竟現在已經不會有人給我成績單，加上我已長大成人，自己的表現是好是壞，自己最清楚。尤其我們並不會對自己說謊，也不會有官腔或謙虛等問題。

隨著年齡增長，想留下的事物反而容易被遺忘。此時，便可在完成一項事後就立即畫上圓圈評分，並記下相關重點，之後才能重新檢視、加強優點、改善缺點。

這本記事本對我來說，就是「攸關性命的記事本」。

感到困惑、創意枯竭時，就利用記事本回想表現不錯時的情況。還可回顧多年前的紀錄，感受自己的成長。若有空閒時，則可再次檢視過去記下的須反省事項。

無論身處何時何地，只要有了這本記事本，就能創造有意義的時光。若想試著與人談話、虜獲人心，請務必準備一本記事本，詳細記錄每日的表現。

接著，請不斷練習、反省，再重複練習與反省。總有一天，就能不斷打出安打，甚至轟出勝利的全壘打。

第3章 如何傳達想法

接近成功的方式不只一種

眾所周知，參加平田屋行程的旅客，大多是中高年齡層的女性。

因此，我的口條是以「身為男性導遊的我」，為了讓「身為旅客的中高年齡層女性」感到開心加以訓練的成果。

也就是說，這就是我在訂立作戰計畫時的基礎資訊。

若為了商談工作上的企劃，須與年約五十歲、身著西裝的商務人士會晤時，也能利用相同的談話方式讓場面變得更熱絡、虜獲對方的心嗎？

我想二者之間有一定程度的共通點，卻也不盡全然相同。

除了要思考該如何開口說話、如何說服對方外，也須觀察對方是個什麼樣的人、當時的狀況為何、談話的「正題」等情形，調整自己的說話方式，這就是作戰計畫的主要觀念。

腦海中是否出現了預想狀況呢？

首先，必須觀察對方的類型。最顯而易見的，便是對方為男性或女性了。而也許因為我是關西人，我認為對方為關東人或關西人，對作戰方式也會有極大的差異。

見面時的情況也有許多可能，如初次見面者與多次見面者的相處方式差異、希望加深與對方關係時、必須向對方道歉時、希望道謝時、與年齡較長者見面時，或是並非單獨與對方見面，而是如演講般，一次面對許多人等場合，都有不同的應對方式。

接下來，請組合各種情況思考看看。

舉例來說，這次平田屋的旅遊團中，來了三十位旅客搭上遊覽車。其中有旅客已參加過多次行程，也有初次參加者。這時，與不同類型旅客的相處方式當然也有不同。

除了自己，我希望「談話的能力」也能供所有讀者應用於各方面，甚至能成為讓社會變得更美好的潤滑劑，或是黏著劑，才決定撰寫本書。

平田屋的行程雖貴，卻能暢銷的祕密之一，便是溝通的力量，以及藉此讓所有旅客滿意的旅途樂趣。

我會這麼說決不是自信過剩，而是因為有不少旅客都對我們說，下次還要帶朋友或雙親一起參加行程。甚至許多旅客不只說說而已，真的再次參加行程。

最好的證據，便是遊覽車司機常常對我們說的話。

「今天一整天實在太開心了，這麼熱鬧的行程我還是第一次見到。」

「我從沒度過這麼開心的一天！太有趣了！」

司機每天的工作就是駕駛觀光用的遊覽車，行車安全當然是他們最重視的，但司機也能確實感受到車上的氛圍。因此，車上的熱鬧氣氛，若連司機也感到驚訝，就是對我們最好的鼓勵，甚至讓我們確信，我們帶給旅客百分之一百二十的旅遊價值。

為了創造這樣的結果，我們必須擁有最適合旅客的說話技巧。

接下來，本章將會詳述如何與他人聯繫的最佳談話方式，以及想法的傳達方式。

不斷稱讚女性就沒錯

參加平田屋行程的旅客中，有絕大部分為女性。我通常會這樣告訴她們：「請穿上家中最好的衣服參加行程，不可以太小氣喔，一定要是最好的衣服！」

結果，所有旅客都會照我說的，穿上最好的衣服參加行程。

這時，我們就會請平田屋中被稱為「東方神起」的年輕帥氣員工出場，當然我們這些大叔也會一同出現。接下來，就不斷地稱讚大家：

「哇！太太們還真是美麗啊！太美了，實在很完美，這些衣服要去哪裡買呢？」

這些美麗的太太聽聞此言，也會非常開心。對她們來說，結婚以後就幾乎不曾聽到丈夫對自己的稱讚，但只要參加行程，就能聽到他人的讚美，這些旅客也因此非常喜愛平田屋的行程。

「就算要我稱讚他們也不是出自本意吧？這些都是謊話吧？」

我曾被問過這類問題。

我認為，女性受人讚美是理所當然的事。甚至可說稱讚女性是一種禮貌，更是成熟大人必備的常識。

其實，受讚美的一方也了解這些話通常只是奉承之詞，畢竟結了婚之後就從未聽到丈夫的一句稱讚。不過，正因為這些女性也深知此道，我們才能直接稱讚她們，不會產生多餘猜忌。雖然偶爾也須閉上眼睛，或是咬著牙才能說出這些讚美的話，但也不得不稱讚旅客。

接待女性時，請平等地將每一位女性都視為美女看待。

接下來，就如早起時會對人說「早安」，或是遇到認識的人會說「你好」一般，實際對女性說出下列讚美的話吧。

「您好年輕啊！」

「您好時髦啊！」
「您還真是迷人呢！」
「您臉好小呀！」
「您好聰明呀！」
「真是太完美了！」

不管面對什麼樣的人物，上列句子中，至少有一句最適合對方的句子。雖然「完美」一詞有點主觀，卻可將這當作最後的武器使用。

此外，請避免只說一次或一句話，這是絕對不夠的，**必須不斷讚美、讚美再讚美**。

「哎呀，您好年輕啊。我們認識至今幾年了？竟然一點都沒變，真的太年輕了，好年輕啊！真令人羨慕，為什麼您可以如此年輕呢？我也好想變得這麼年輕啊。」

請像這番話般，不斷稱讚對方。千萬不可有一絲猶豫。只要不斷稱讚，對方即使自覺「看起來並沒有那麼年輕」，也會不可思議地開始認為「竟然被說了這麼多次年輕，莫非自己看起來真的很年輕嗎？」甚至還會感到十分新鮮，產生爽朗感受。只要認真、真心地不斷稱讚他人即可，這就是最重要的關鍵。

稱讚最容易忽略的「指甲」

就某個角度看來，男性和女性可說是成長文化截然不同的二種生物。即使國家、民族不同，只要同為男性，文化也許更相近也說不定。

我們因為工作時常接待許多女性顧客，對於一般男性較常忽略的細節也較為敏銳。其實，只要瞭解幾個重點並加以實踐，就能清楚看到女性不同的反應。

我與女性見面時，一定會從上到下檢視對方。就如同前一篇提到的，可藉此確定該稱讚對方「好時尚啊！」還是「真是迷人呢！」等句子。正確來說，是必須在短時間內，不造成對方厭惡的情況下仔細觀察，確認可掌握的關鍵，判斷對方希望聽到的讚美為「時尚」或「迷人」等。

接著，我要問各位男性讀者一個問題。在我的觀點中，最容易遺漏、也最可惜的關鍵在哪裡呢？我想各位已經知道了吧！就是本篇的標題。

「指甲」。

尤其近幾年來，這個趨勢更是顯著。過往，女性的衣著重點多在於耳環或項鍊等物，但現在我習慣優先確認女性是否特別著重在指甲上。

與女性對話，苦尋不著題材時，請記得確認對方的指甲。

各位是否知道，修整指甲需花費多少時間呢？雖然須視內容而定，但大致上需耗費二小時左右。

指甲每天都會增長，加上可不斷嘗試不同的指甲造型，又能依據季節或穿著更換指甲藝術的風格，每個月需修整指甲一至多次。

無論在自家修整，還是前往美甲沙龍，都需耗費時間及金錢。一旦完成美麗的指甲造型，女性也會相當開心。

然而，多數男性對於女性如此細心製作的指甲藝術，卻往往視而不見。

男性的確不常擦指甲油，也就是說，男性缺乏對指甲藝術的「文化素養」，因此不要說是理解女性對指甲所耗費的心思了，他們根本沒有注意到指甲的變化。

許多女性為此感到不滿，特地將指甲變得這麼美，卻連注意都沒注意，令人空虛。而且，甚至有部分女性因男性根本不會注意指甲造型，已逐漸放棄指甲藝術。

因此，我與女性見面時，一定會最先確認對方的指甲，並對擁有美麗指甲造型者發表自己的感想、稱讚對方。

「哎呀，這造型好適合春天啊。那個閃閃發亮的是水鑽嗎？」

請如上述句子般，發表自己的想法。如此一來，就會見到女性露出自己從未見過、如花朵盛開般的喜悅表情。

這是在哪一家美甲沙龍做的呢？打電腦、洗臉或做家事時會不會很麻煩呢？是否要花很多錢呢？請不斷拓展各種與指甲有關的話題。反正指甲藝術本來就是男性不了解的世界，不如以學習新知的心態與女性交談吧！

若想更認真稱讚對方，也可多花點時間了解指甲相關知識，提升談話的效果。畢竟指甲藝術與男性較無關，就連假片的材質為壓克力還是膠類也弄不清楚。但其實只要仔細留意，就連百元商店內都有許多指甲相關的商品。

請注重女性的指甲並加以讚美，這就是我最推薦的技巧。

掌握稱讚男性的關鍵

雖然平田屋的顧客大多為女性，但仍有少部分的男性旅客。此外，平常在商務場合中，我也有許多與男性溝通的機會。

稱讚對方的原則不只適用於女性，即使對象為男性時也無太大差異。不過，我也是男性，所以十分了解，男性與女性不同，即使自己外在事物被稱讚，也不太會開心。

若聽到他人稱讚自己年輕、帥氣、臉很小等話而感到飄飄然，就有點危險了。

那麼，與男性見面時，究竟該稱讚對方什麼部分才對呢？

正確答案就是品味及想法，也就是男性的內在。

可以的話，請盡量讚賞初次見面者的內在。不過，我們並沒有超能力，往往難以做到這一點。

因此，請著重於較易顯現對方品味及想法的部分，一面稱讚對方，一面誘導對方說出更多細節，讓對話更順暢。

具體來說，可加以讚賞的是對方對物品及興趣的堅持或涵養。

其中最顯而易見的，便是身上的用品。

話雖如此，男性又與女性不同，服飾較無豐富的變化。但也正因為這樣，可讚賞的範圍也較為單純。

準確來說，就是鞋子、皮帶、包包以及手錶等物。

「不好意思，我忍不住看得出神，您用的包包很不錯呢。請問是哪一牌的呢？」

「您喜歡手錶嗎？這只錶看起來非常俐落帥氣呢！請問這是勞力士的什麼款式呢？」

我通常會以上述的方式開啟話題。

不過，請特別注意自己說話的態度，避免讓對方認為只是因為物品的品牌知名、看似昂貴而獲得讚美。與其談論品牌及價格，不如關心對方之所以使用該款包包的背景故事，或是內行人才知道的手錶資訊等，才能全面讚美對方堅持使用好物品的品味，以及其不同於他人的獨特想法。

此外，若有自信看出各種細節，也可稱讚對方的西裝或襯衫。男性的服飾往往難以從外觀辨別出特色，必須擁有專家級的眼光，才能判斷出服裝品質及剪裁的好壞。因此，要讚賞他人的穿著，自己也必須與對方的衣著品味相當，難度也意外地較高。

在日本較不知名的品牌，不少在國外其實大受歡迎。只要對服裝的這些堅持被他人察覺，就會感到相當開心。男性只要被他人稱讚，認為自己的品味絕佳，就十分滿意了。

我也是男性，我非常喜歡堅持自我想法的人生觀。因此，我也很贊成購買一些價格稍高，但質感絕佳的物品，用來鼓勵自己或紀念某些成就，也贊成大家這麼做。

想必也有人認為：「沒必要購買那麼貴的手錶」吧！一千日圓的手錶就能知道時間了，何必用到好幾十萬日圓的手錶呢？這也是常見的一種想法。

不過，也可試著反過來想想。

一天抽二包菸者，每天約花費超過八百日圓的金額。若持續抽一整年，就相當於花費超過三十萬日圓在香菸上。相較之下，三十萬日圓的手錶究竟算是昂貴還是便宜呢？不妨這麼思考看看吧！

掌握逆向操作的時機

我們已經看過讚賞男女性的關鍵，接下來，我想說明一下逆向操作的觀點。無論是服裝造型、指甲藝術，還是對手錶等物的品味，**最基本的道理，就是認同對方的努力，並加以讚賞，才會讓對方感到開心。**

除了本身對品味的堅持外，也十分努力增進自己的外在、內涵，故希望獲得他人的認可，一旦被人讚賞，就會非常開心，這是任誰都會產生的正常想法。

小學時代的我努力製作美勞作品，也獲得米田老師的讚美。但那個作品究竟是不是真的特別優異，已經不是那麼重要了。光是老師注意到我的努力，認同並讚美我，就讓我相當感動。

現代人的人際關係越來越淡薄，也許有人認為這樣的生活型態較過去來得輕鬆，但先不論是否受人讚美，現在即使一整天不和任何人交談也不算稀奇。正因如此，我更希望可以積極認可、讚美他人。藉由這些交流緩和雙方的情緒，進而改善社會風氣。

許多旅客在參加平田屋的行程時，都會精心打扮。不過，無論耗費多少時間、花費多少金錢，甚至化了多精緻的妝容，老實說，外表不起眼者也不會因此變得亮眼，更無法一躍成為「美魔女」。

但我仍受這些旅客為了參加我的行程，耗費心力化妝、煩惱該穿什麼服裝好的努力所感動，並對其抱持敬意。因此，不管如何，我都會找出對方的優點並不斷讚美。

精心打扮其實也是一種禮貌。

舉例來說，即使身為男性，在必須顯示自己敬意的場合，若穿上T恤及破牛仔褲出席，也是非常失禮的表現。

另一項值得注意的是，女性化完妝出門後，即使在意自己的妝容也不一定有機會照鏡子。雖然仔細打扮後再出門，仍會非常在意自己的妝容是否走樣、奇特。

這時，若向對方說一句：「您很漂亮呢！」請問會發生什麼事呢？想像得出來嗎？

對方在感到開心的同時，也會為之安心。

這麼一來，讚美的效果也會增加。

接下來介紹的，是難度更高一級的技巧。我在稱讚完在場旅客，緩和氣氛後，就會一口氣開始逆向操作。

「太太，雖然您一大早就起來化妝，但來這裡不需要這麼認真啊！反而看起來像隻貓熊了！」

眾人聽聞此言，都會哄堂大笑，就連被我這麼說的當事人也是如此。如此一來，現場氣氛也會變得更好，眾人之間還會產生團結感。

我之所以能創造出這樣的環境，是因為在我徹底讚賞他人，讓眾人對我產生信任後，又藉由逆向操作的方式縮短彼此間的距離，這也是加深與他人關係的第一步。

在平田屋的旅行團中，當所有旅客逐漸習慣當下的環境、氣氛後，我便會故意將語氣變得較為隨興。例如行程開始之初，打招呼的用語多為「您早」或「請多多指教」等，但會隨著行程的進行，漸漸將這些話改為「早呀！」、「拜託囉！」等較輕鬆的句子。

不過，並不會有任何旅客認為這樣的行為失禮。反而還會因為眾人的關係更接近而感到不可思議。如此一來，大家也更能說出真正的內心話，盡情放鬆、不須過度拘謹，開心不少。

不喜愛一味稱讚他人者，可先了解，這只是為了逆向操作做的準備。

掌握與人相處的訣竅

就如同男女性儼然是不同文化的人種般，日本國內其實也有二大文化截然不同的都市圈。

沒錯，就是關東與關西[*1]，以及關東人、關西人。

我在關西出生、長大，更在關西工作。雖然日本旅行是發源自關西的公司，目前總公司卻是位於東京，而我的工作範圍也不完全都在關西地區。

而前往關東的關西人，以及到關西來的關東人中，有不少人無法適應當地文化，進而產生不好的回憶或感到不開心，這真是令人遺憾的現象。

因此，我希望先描述我所認知的關東、關西差異，並為了至關東的關西人、來關西的關東人提供一些技巧及建議。

這是已多次出現在本書的畠山健二先生婚宴上發生的事情，婚宴在東京舉辦。當時，我受邀上台演講，正等著輪我發言。

不過，在我上台之前，婚宴的流程皆採東京的標準方式進行。他交遊廣闊，不少東京的藝人也獲邀參加，婚宴氣氛較為嚴謹。順帶一提，畠山先生在頻繁前往大阪錄製《LOVE ATTACK !》以前，是個非常討厭關西的土生土長下町[*2]人。

與我同桌的多為關西人，其中曾任《LOVE ATTACK !》導播，當時已成為《偵探 !Night Scoop》製作人的松本修先生對我說了：

「平田，上去就看你了 !用關西的搞笑方式獲得滿堂彩吧 !」

一聽到主持人的介紹，我就拿起旗子，猛然衝到台上，說著：「哎呀 !真是恭喜啊 !我是日本旅行的平田呢 !我到東京來了 !我和健二情同兄弟的說，真是可喜可賀 !」

我一口氣說完了這些話。接下來也正等著他人對我吐槽：「笨蛋 !你在

＊1譯註：關西指以大阪府、京都府、奈良縣、兵庫縣為主的地區；關東則是以東京都、千葉縣、神奈川縣、埼玉縣等地為主的地區。
＊2譯註：為過去城外商人階級居住的地區，多為現在的老街，如東京淺草等地。

做什麼啊！」

沒想到，婚宴會場中沒有任何反應。反而充滿了「自己看到了不該看的東西」的氣氛，眾人紛紛低下頭來。

「給我等一下，不要讓我在這唱獨角戲啊……」就連我心中的吶喊也逐漸無力，直到畠山先生對我說：「夠了夠了！給我下去吧！」我才沮喪地走下台。

回到位置後，松本先生才告訴我：

「平田，不能那樣說話啊！那樣只會搞砸場面而已。」

太過分了！竟然這樣背叛我。不過，就連原本在一旁起鬨的松本先生都會退縮，也能由此窺見關西的文化特色。

關西人到了關東時，最容易墜入的陷阱，就是自己與生俱來、養成習慣的「稍微降低自己的層級，緩和對方的緊繃感、使氣氛融洽」的思考模式，這並不適用於關東的多數場合。

簡單來說，關西人見面時，通常會先顯露出「自己是個笨蛋，我是這麼糟糕的笨蛋，竟然有這麼笨的人喔！」等個性，促使對方吐槽自己，進而建立雙方的關係。

不過，若在文化截然不同的關東人面前採取如此姿態，反而會招致非常慘痛的結果。

我的案例雖然較為極端，但也可由此見到關東與關西的差異。若各位讀者同為關西人，也與我遭遇相同事件，又會怎麼想呢？

關西人究竟該如何與關東人談話，又該注意哪些部分呢？

關西人到了關東時？

看到我的例子後，多數關西人大概都會認為「平田先生好可憐啊！沒錯，關東人就是這麼冷淡」吧？

其實，這種觀念也藏著一個陷阱，或者可說是一座難以越過的高牆。**關西人認為，以高於對方的姿態談話是非常失禮的行為。**常會被認為是討人厭的傢伙、自命清高而被大家嫌棄。因此，關西人常會釋放出自己是「笨蛋」的訊息，巧妙避開被討厭的可能。

關東卻恰恰相反，尤其是商務會面等場合，更講求自己知性、俐落的樣貌。在關東人的文化中，決不會降低自我姿態、自稱「傻瓜」（並不是「笨蛋」）*，甚至裝傻以緩和氣氛。

說來遺憾，在關東裝傻，只會被認為是不通情理的人，或是頭腦不好的人，並被眾人冷落。

不過，因為這樣的情況就認為「關東人很冷淡」、「關東人都很高傲」，在我看來也並不正確。

這只是關東人的文化罷了。

只要觀察搞笑藝人就一目了然，關西的搞笑藝人會先貶低自己，再開始自己的表演段子。相對的，關東的搞笑藝人則會擺出最佳狀態，讓觀眾看到自己最優秀的一刻。

反過來說，一開始若未表現出最佳姿態，反而會被認為自己不專業，甚至被對方輕視。

雖然畠山先生婚宴的情況為相當極端的例子，**但我在關西及關東說話時，也會完全使用不同的方式。**

在關東時，我會盡量維持較有邏輯、較平淡的情緒說話。當然，也不會在背上插著旗子。

這麼一來，關東人就會做好聽他人發言的準備。

而在關東工作時，我也會先確實整理出談話前的內容順序，並有條有理地發言。

＊譯註：在關東人眼中，日語「バカ」（文中譯為「傻瓜」）有自我解嘲之意，語意較輕，但屬於關西腔的「アホ」（文中譯為「笨蛋」）卻帶有貶低之意，容易激怒他人；遇上關西人的場合卻完全相反。

到了關西，我便會開始裝傻，一面觀察對方或旅客的反應，一面即興演出。往好的方向說，則是稍微脫稿演出，並營造出熱鬧的氛圍。如此一來，對方也會感到開心，更能加深對談話內容的理解。

不過，關東的情形卻截然不同。雖然我也會以閒話家常的方式暖場，但這些內容必須具有邏輯，更講求有條不紊的口條。**換言之，談話對象也會依據自己這些閒話家常的條理性，判斷接下來的正題是否值得一聽。**

在關西時，先從毫無關聯的話題讓對方開心後，再開啟話題的模式，在關東人眼中卻是令人不耐、拐彎抹角的方式，只會被認為與正題無關，進而遭到對方厭惡。

那麼，有條不紊的閒聊又是什麼呢？以下為我自己的看法：第一，須確實宣告自己的立場或資歷，並暗示自己接下來的正題非常具有一聽的價值。第二，談話內容除了須具有一定的道理，更須確實具備足以佐證的資料。其實，關西人並非無法照著這樣的模式說話。不如說，是因為關西人不喜歡這樣的模式，甚至覺得這種樣子只是自命清高，進而避免這種談話方式。

老實說，我也具有一樣的想法。不過，我認為這只是習慣的問題。關東人的心理屏障較高，簡單來說，就是不希望自己被認為是「傻瓜」。只要事先理解這種想法，就不會因為認為自己是關西人而被小看、關東人很冷淡，或是自己被對方討厭等緣故而感到痛苦。在關東，彼此拉近距離的速度也較為緩慢。但只要弄清楚這些情況，就不會產生什麼問題了。曾看過我上東京電視節目的各位關西讀者，我的表現絕對不是在擺架子喔！

關東人到了關西時？

相對的，當關東人到了關西時又是如何呢？想必有不少人也受兩地不同的文化差異所苦吧！

以關東人的角度看來，關西人常多管閒事，與他人之間的距離太近。關東人不只感到無法適應，更會恐懼這些現象，甚至加深了心中的隔閡。

希望各位原諒我只能用關西人的觀點看待事物，**但若關東人築起心牆，關西人反而會覺得自己「被當成笨蛋」，產生被小看的感覺。**

具體來說，關西人其實對關東人帶有極為強烈的競爭意識。關西人認為自己不能輸給關東、一定要贏過關東，時時刻刻都與關東互相比較，但關東人反而並未對關西抱有過多的敵意。

聽到此般情況，關西人則會感到更不甘願。

不過，老實說，以城市的規模看來，關東是比關西大上好幾倍的都會，更能斷言關西地區的都市毫無勝算。雖然大阪有南（梅田）與北（難波）兩大鬧區，但東京卻有銀座、新宿、澀谷、池袋以及上野、品川等商圈。在此未列舉出的車站周邊，亦有不少熱鬧的商區，就連東京往郊區的拓展方式及發展也與關西大相逕庭。

大阪的知名建築「阿倍野HARUKAS」之所以堅持興建至三百公尺，成為日本最高的大樓，也是因為關西地區希望創造一座關東沒有的建築所致。

這是關東人難以理解的心態，但多數關西人即使知道關西追趕不上關東的發展，仍然深深愛著關西地區。同時，也抱持著對關東的敬意及畏懼。

然而，關東人反而毫不在乎關西人這些稍嫌複雜的情緒。對於關西人來說，相較於「關西輸給關東」，更無法接受這個事實。

雖然說日本國內占地寬廣，但全國對於關東，尤其是東京抱持著無比堅持的，大概也只有關西人了吧！不少關西人即使到了東京，仍一如往常地使用關西腔，可能也是因為如此。

到了關西的關東人，若是難以融入關西人的社會、無法適應關西的文化時，不如先從了解這些事情做起吧！

具體來說，就像關西人對於關東抱持著敬意般，關東人也可先對關西感興趣，從關心、敬意開始做起。

關西人非常厭惡關東人只因為好玩，就胡亂使用發音怪異、用法錯誤的關西腔，這只會讓關西人覺得自己被小看了。最嚴重時，還可能遭到關西人敵視。

不過，關東人到了關西工作時，情況可就大不相同了。不妨在與關西人聊天時，試著說說：「我想了解更多關西的用語，請教我。」

雖然拚命想了解這個地區的所有資訊、對於關西這個地方非常有興趣，卻因為初來此處無法徹底了解，實在非常遺憾。只要這樣表現即可。話題無論是關西特有的搞笑、吐槽關係，還是食物、玩樂的景點都可。只要抱持著敬意詢問關西人，對方一定會出手相助的。

關西人只要發現對方並無敵意，就會變得相當溫柔，甚至還會想守護努力的人。關西更是一個與關東截然不同，卻富含魅力的地區。

請務必體驗這些「異國文化」。

面試時最重要的是「稀有價值」

為了年輕讀者的需要，我想在本章說明求職面試時的說話方式及口條。**最重要的結論便是「捨棄教學指南」**。

各位學生或求職者通常會怎麼準備面試呢？

一般來說，會購買書籍、雜誌或在網路上搜尋資訊，希望照著教學走，避免任何失禮或失誤吧。甚至會買一套灰黑色的西裝，並搭配白色襯衫，徹底融入周圍同樣前來求職的學生……通常是這樣的情況吧？

不過，請稍微轉換一下自己的觀點。請先把自己當作公司的人資專員或是管理階層，開出的職缺僅需要一人，卻來了一千位學生考試，又不能耗費太多時間挑選適合的員工。

那麼，在清一色穿上炭灰色西裝的求職者中，僅有一位穿著粉紅色西裝前來的學生。這一瞬間，請問穿上粉紅色西裝的求職者，和其他九百九十九位灰黑色西裝求職者中，會對哪一位留下深刻的印象呢？

我想答案是無庸置疑的吧！

這個情況不僅限於學生求職，就現今各種教學指南遍布於市面的狀態看來，越是完全接受指南手冊所教授的資訊，被指南影響的危險就越高。

這不是因為負責面試者也可能熟知指南手冊的內容，**而是因為所有求職者都照著教學手冊的方式面試，只會讓教學手冊中的行為變成最低標準。**

目前，求職的世界已陷入這般矛盾的情況，畢竟所有人都在研究面試的教學指南、業界介紹等書籍。

負責選用員工者也非常認真，他們必須在幾百、幾千位學生中，挑選出自己希望與其共事、希望選為自己後輩的員工。若面試時的穿著、回答方式都如九官鳥般完全依照教學手冊行事，會引起面試官的注意嗎？

我想這是絕對不可能的，這些面試官每天都聽到一樣的回答，想必早已厭倦了吧！

最重要的，就是擁有足夠的勇氣，可以發表連面試官都想像不到的內容，以及任何一本手冊都未刊載的獨門創意。

具體說來，即使談話的內容水平稍嫌不足、結論有些錯誤也無妨。錄取之後，還能持續補充不足的知識及經驗。**相較於此，面試官所著重的，則是求職者是否具有挑戰精神、是否擁有自己的思考能力。**

先前曾提過咬著玫瑰出場這個行為，若我是面試官，相較於確實按照教學手冊回答的求職者，會更注意到這些奇特的求職者。

對於千篇一律的求職者，面試官通常不會有任何疑問。然而，一旦見到咬著玫瑰花的求職者，反而會想開口問：「你為什麼要咬著玫瑰花呢？」

此時，對方若回答：「我希望您可以聽聽我所想的妙計，沒聽到是您的損失。為了增加這個機會，我決定讓自己變得更加顯眼。」我可能會告訴對方：「那麼就聽你說說吧！」催促求職者繼續說下去。

若求職者所想到的妙計非常優異，當然就能獲得好結果。即使內容毫無特殊之處，畢竟也靠自己的力量開啟了另一個可能性，更讓面試官對於求職者買了玫瑰花，只是想增加受矚目程度的行動力給予較高評價。

無論如何，都讓面試官對求職者留下了深刻印象。

電視上看到擅長裝傻的搞笑天才，還能讓裝傻及吐槽充滿不可限量性。另一方面，真正的傻瓜，是絕對無法表演什麼角色的。

「避免與他人不同」的這個想法，請務必修正。**閱讀教學指南時，也請將裏頭的方式看成負面教材。最重要的，非自己的稀有價值莫屬。**

如何對待不喜歡的人

與不喜歡的對象接觸，可大致分成二種情況。

第一種，便是自己真的不擅長相處、討厭自己的人；第二種，則是自己單純對對方感到恐懼的情況。

先說說後者吧！

不少人外表就較令人恐懼或是難以接近，不過以我的經驗來說，很多人外表看似可怕，其實一點都不難相處，甚至幾乎都是相當溫柔的人。

然而，自己會先入為主地畏懼對方。不只是因為對方的外表，有時是因為對方的頭銜為部長、董事、社長等，或是遇到名人、藝人、政治人物等**容易造成「緊張感」的對象。**

雖然這話說來有點自吹自擂，但到公司來訪的年輕人中，有不少將我視為名人，甚至感到緊張的人。畢竟我常上關西地區的電視節目，再怎麼樣也是被稱為「資深導遊」的人物吧！

不過，其實我和這些年輕人也是一樣的。尤其是遇到自己喜歡或尊敬領域的名人、作家、藝人、超級巨星，當這些人出現在眼前，還有辦法維持平靜的心情說話嗎？我也是平凡的人，當然無法心平氣和了。

就算如此，無論自己是否為對方的粉絲，因為名人在自己面前就感到畏懼，並不會產生任何效果，反而還會造成對方的困擾。

這是非常可惜的，難得有機會見到名人，不妨抓緊機會問些問題。如果問我問題，我也會希望盡可能幫上忙。當然，我不太容易嚇到人，也不是什麼可怕的人物，就像這道理一樣。

容易感到緊張者，在珍惜自己的純真之餘，若能下定決心，突破自己因緊張而無法動彈的狀況，確實說出自己的想法會更理想。

無論是地位高於自己者、具有一定社會地位者，還是有點可怕的對象，所有人的心態都是一樣的，不須特地為所有人貼上標籤。

只要以「問這些問題可能有點失禮……」或「我還有很多要學的部分，希望您能教導我……」等句子開頭，逐漸開啟對話即可。

較為困難的，則是遇到明顯討厭自己的人時，該如何說話、相處了。

有時為了工作須與這些人維持一定的關係，不得不與對方溝通。

以我們導遊來說，有時也會接獲旅客的投訴。可能也會因自己沒做錯任何事，而對這些投訴感到生氣。不過遺憾的是，人類是絕對無法和所有人成為好朋友的。

現在回過頭來想，這些被他人討厭、惹他人生氣的經驗都非常珍貴，甚至還可說是十分重要的邂逅吧。話雖如此，我也曾被人怒罵二、三小時之久。不過，現在想起當時的經驗，反而不覺得時間被浪費了，更成為自己遇到艱困工作時也能努力完成的契機。至少還能成為負面教材，只要這樣想，就不會生氣了。

與顧客接觸時，自己通常也絕對不能生氣。不過，只要把忍耐也想成是工作的一部分即可。之後，還可將這個經驗所學到的事物應用在未來遇到的任何情況，並在心中發誓，以後千萬不要像自己遇到的人一樣，對他人做相同的事情。

光是這樣就有豐富的收穫，與討厭的人接觸也獲得價值了。

何謂真正的道歉

當我道歉時，無論身處於何種狀況，都會先將「自己的觀點」束之高閣。**無論原因為何，只要當下生氣的人是顧客，就必須全盤接受「顧客生氣了」這個事實，並加以理解。**

就像是必須將吸入體內的淤泥吐出，才能恢復正常一樣。一旦顧客正在氣頭上，不讓對方發洩、消化怒氣，就無法讓事情回到正軌。

我在道歉時，就算錯的是顧客本身，還是我遭受誤會，都不會先說出自己的意見，而是耗上一、二個小時聽對方說話，並不斷附和。說著沒錯、真的很抱歉等話語，靜待對方將體內的淤泥完全吐出為止。

就這麼等待，一直到顧客再也發洩不出任何情緒後，還是繼續道歉。**因為自己必須對顧客如此「認真」發怒負責**，尤其導遊是旅遊的專家，**而旅遊又是販售幸福與喜悅的產業，卻惹旅客生氣，理所當然要背負起責任。**

只要是通達事理的人，在發洩情緒、冷靜後，就會理解錯的是自己，或是自己剛才對無關的人發洩情緒了。接著，也一定會說著「我太情緒化了，真的很抱歉」等話，向自己道歉。

另一方面，旅遊是個隨時都有可能生變的活動，我們這些專業導遊也是普通的人。發生事情時，責任不可能百分之百都落在自己身上。接下來，我想談談過去的失敗，藉由這個羞恥的往事提供一點經驗。

某次，一個行程預定前往因定期遷移的「式年遷宮」活動聞名的伊勢神宮參拜。但沒想到，參拜當天竟與天皇的參拜日撞期，就連時間也完全相同，神宮周圍遭到全面封鎖，不僅無法進入宮內參拜，就連接近神宮也做不到。天皇的行程在幾日前似乎已對外公開，但當時我竟然也完全疏於確認。

這個狀況完全打亂了重點行程，旅客們原本滿心期待前往伊勢神宮參拜，以及到神宮旁的「托福橫丁」購物。現在不能參拜、也無法購物，我也只能拚命向旅客道歉。然而，旅客仍然感到困擾。

「平田先生，我們已經了解你的歉意了。那我們接下來要做什麼呢？」

顧客所要求的，絕對不只道歉而已。當然，也不會有人向宮內廳*怒吼，要對方負責。顧客要的是針對無法做到的事情、已經發生的失誤，究竟該如何挽回，又該做些什麼補償等具體方式。**若無法給予理想的答覆，就只能為自己的失誤不斷道歉。**

不過畢竟我擁有超過三十年的導遊經歷，這時經驗就是最好的幫手。在前往伊勢神宮正式參拜前，通常會先到稱為「濱參宮」的二見浦神社參拜。當下我便提出替代方案，將行程改至濱參宮參拜，並讓旅客在神社內接受除厄儀式，購物也安排在二見浦神社周圍。如此一來，總算獲得旅客的同意。

然而，安心才不過多久，結束參拜後，帶旅客前往當地土產購物中心時，竟然發現伊勢名產「赤福」早已售完。似乎是其他團體的旅客也因同樣狀況改至此處參拜，導致赤福比往常更快售完。

「平田先生，買不到赤福的話很困擾呢！」旅客們這麼對我說。

當然不能告訴對方，明天到難波再去百貨公司買就好了，不在今天買到這些土產、不在三重縣內買到就沒有意義了。

因此，我請遊覽車司機四處繞繞，開始了一段尋找赤福之旅，希望讓所有旅客都能買到赤福。最後，終於在以驛站聞名的赤阪關休息站找到最後一批赤福，也讓我得救了。

不能只是道歉、焦急而已，必須站在實用的角度上，思考可補償的替代方案，並且認真、努力，甚至拚了全力實行。我想，這才是道歉時最該有的樣子。

＊譯註：日本政府負責皇室事務的單位。

緩和氣氛的技巧

除了一對一與人談話，我也常有一對多人，甚至是對上許多人說話的機會。尤其是導遊這個行業，必須一人對著二十、三十人說話。

無論是一對一談話，還是一對二十人談話，我都希望可以避免差異。若以導遊工作來說，當我對每位旅客說話，都會盡量維持相同的談話時間、話題比例以及氣氛。當然，旅客發生任何問題或身體不適時就另當別論。

之所以堅持這個原則，是因為若我花了三分鐘時間與A團體相談甚歡，卻僅用了一分鐘以及一般的招呼就結束與B團體的談話，B團體一定會相當寂寞。

不過，也無法完全維持平等，只是在我感受到B團體的寂寞後，一定會再創造時機填補先前的不足。

這個方法也適用於一對三人的談話場合，雖然看起來為一對三人談話，但通常只有其中二人掌握了對話主軸，第三人僅是坐在一旁罷了。此時，若能從閒話家常時就盡量與所有人說到話，就能共享美好的時光，並延續至下個話題。

即使是陪伴在旁的人，都不可忽略其存在，這時正可應用上手錶、指甲等話題。

接下來，則是面對許多人談話、演講時的說話方式。最近越來越多單位邀請我去演講，有時甚至得在多達一千人規模的會場發表談話。只要習慣了就沒有問題，參與的場次越多，就越得心應手。不過，我至今仍無法適應這些場合。因此，若有更好的方式，我還希望各位多多指教呢。

因為自己面對的人越多，反而越難掌握聽眾的反應。加上聽眾也會覺得自己只是許多人的其中之一，不需要像與人面對面談話時一樣全神貫注、在意對方的反應。當我由講台上往下看時，往往感受到全場宛如凍結般的驚人隔閡。而輕鬆消除這座高牆的方法，我至今也仍不得要領。

我只能說，請事先將所有要講的話、以誰為對象、說話內容以及順序，以一目瞭然的程度一一記在紙上，不能僅記在腦中。

尤其是自己準備的「開場白」，確實寫下才會感到安心。

越是對自己的口條充滿自信，平常就能對任何人滔滔不絕說出各種話題的人，越容易因過剩的自信產生演講時的阻礙。相對的，越膽小的人反而表現得較適當。

請回想一下我剛升上國中時的往事，當時要是我的手上沒有作足筆記，想必也會一蹶不振吧。

在此，我想介紹一個我在演講時的技巧。也可以將這個技巧視為小小的犯規，或是旁門左道，但我習慣先降低自己的態度，讓自己與觀眾處於相同高度，並以下列句子作為開場白：

「我是來自日本旅行的平田，來自大阪，也是個正如外表的笨蛋。」

「不須針對接下來我要說的話做任何筆記，請將各位的文具收起來，只要聽過去就夠了。」

「我今天準備輕鬆地講完內容，若各位能在輕鬆氣氛中感受到什麼的話就太好了。」

如此一來，就能緩和眾人的緊繃感，產生較易接受對方談話的氛圍。一舉讓在場眾人發笑固然理想，但若可以從一開始就創造和緩的氛圍，就再好不過了。

第4章 朝向無止盡的夢想

說的話越多，越能出現好結果！

最近，我越來越能體會到只要努力說話，就會發生好事。一開始只是為了活用自己的說話能力而當上導遊，後來卻沉醉於創造讓旅客開心的各種旅程中。我的感覺至今仍未改變，但年紀一過五十五歲後，反而更覺得工作愈發有趣，也更能拓展自己的夢想。這也是因為說的話越多，越能與更多人聯繫、心靈相通所致。

甚至還發生了這樣的事情。

我和神戶屋共同推出了「平田進也合作款麵包」（二〇一一年九月），我「威嚴」的臉被印製在閃閃發亮的麵包包裝袋上，是十分促進食慾的一款食品。不想吃這種東西？不過，只要這樣宣傳就會不同吧？

「以行遍全日本、全世界的資深導遊平田進也推薦的嚴選食材製作！」

麵包是較難創造出獨特性的商品，往往連小型賣場等通路都難以維持。因此，雖然固定款式相當熱賣，卻難以開發新商品，更難推動大型宣傳。此時，神戶屋決定以平田屋推薦的食材為賣點，使用我們在各地品嚐過的美味素材製作麵包，也成為商品的新特色。

例如青森的紅玉蘋果派、愛媛縣的甘夏柑法國麵包、宇治抹茶佐京都牛乳鮮奶油麵包、鹿兒島縣產甘藷金時波蘿、比利時巧克力製成的巧克力可頌，以及加拿大楓糖口味的奶油麵包等，光是文字敘述就令人垂涎三尺吧？

這些商品在二個月內熱賣了一百八十萬顆，令人大吃一驚。

二〇一三年五月，與我合作的杯麵也上市了。這是由泡麵大廠Acecook推出的「平田屋鉅獻　餛飩麵──酢橘醬油口味」，Acecook的餛飩麵是上市即將五十周年的熱銷商品。

不過，泡麵往往難以推銷至高年齡層的消費者，加上盛夏之際的銷售量也常會大幅下降，讓廠商十分困擾。

提到中高年齡層女性的偶像，絕非平田進也莫屬了。就因為這個點子，進而催生出這個商品。

但為何是「酢橘醬油口味」呢？

這的確是這個商品的重點，酢橘是德島縣的特產，也是當地縣民的寶物。至於我呢，其實被任命為德島縣鳴門市的觀光大使。

透過與平田屋的合作，創造出商品的魅力、促進銷售，也能宣傳平田屋的行程，甚至還能協助我所支援的日本地區發展。

對於消費者來說，與其只是因為嘴饞而吃點零食、麵包，或是因為便宜才購買泡麵，不如激發消費者產生「這麵包看起來好好吃」、「這個泡麵好像很特別，吃看看好了」等積極的需求。「看起來很特別」也會成為購買食品的動機，尤其只要消費者找到商品的獨特性，就不須經過價格競爭也能成為熱賣商品，因為商品本身就創造出全新的動機了。

而最近，由UHA味覺糖販售、平田監修的「旅行糖——我與你的護照」、「綜合糖」也開始上市，並陸續獲得銷售佳績（以二〇一五年二月時的資料為準）。尤其是「旅行糖」，更是關西地區7-11的暢銷商品。至於「綜合糖」則以「樂趣」為主要概念，一個包裝的多顆糖果內，僅有一顆放入如骷髏、榴槤等特殊風味的糖果，產生如俄羅斯輪盤的遊戲感。讓糖果具有獨特趣味，消費者也會因「這個好有趣」而伸手購買。讓商品暢銷的最重要關鍵，就是創造出口味以外的樂趣。

今年（二〇一五年），平田屋與京都宇治田原製茶場一同合作，著手企劃新款茶商品，並希望融合製茶場的「活力滿點」想法。

我最喜歡這一類的工作，可以藉由說話與眾人聯繫，更能因此讓許多陌生人也感到幸福。

雖然在商業成就上大獲成功也令人開心，但老實說，賺了再多的錢，也只會越來越麻木。若能從「如何賺更多錢」的想法，轉換成「如何讓社會更快樂、讓自己更開心」等方向，工作起來也會更加愉快。

我希望讓更多人能徹底體會這種感覺。

希望將自己擅長的事物結合他人的長處，互相合作，讓世界變得更美好，這就是我的理想。

在本書的最後一章，我想談談如何創造美好的事物、如何讓社會更美好等，對我來說也是現在進行式的課題。

因此，我目前也充分活用Facebook。像我這樣活在舊時代的人，反而更熟知社群軟體的好處，更希望藉此說明相關的使用方式，並讓更多人了解。

請看看我目前所熱衷的事物，以及未來的夢想吧！

Facebook為掌握朋友的最後武器

Facebook的特色應該不須我多加贅言了吧？

但關於Facebook的活用方式及掌握方式，我有自己的一番想法。我原本一點都不想使用像Facebook這樣的社群網站，至今仍非常討厭用電腦。不過，我也希望與更多人接觸，不斷尋找許多新事物。**因此，我認為與對方直接面對面、促膝長談是最好的方式。**就算到了現在，我的想法也毫無改變。

我在舊時代中的尋人之旅，至今已超過三十年光陰。若將這段過程化為具體的樣貌，就像是在高及肩背的草原中，沾染了渾身泥沙前進的感覺。就算想讓未曾謀面的夥伴知道自己所在之處，也只能盡力燃燒狼煙，讓其他人見到狼煙。

當然，我很輕易地就能與處於同公司、同樣的業界，或是從事相同工作、具有相同興趣者相遇，並透過這些人拓展自己的人脈。我也覺得這樣就已足夠了。

不過，使用Facebook後，卻產生了截然不同的新感覺。若以前段所提到的情景來說，就像是在原本被草原覆蓋、看不清前方道路的原野上，突然出現一架專用直升機，輕鬆把我帶到了高處。接著，我就能在高處出聲、分散傳單找尋夥伴，或者讓直升機降落於高舉雙手的人所在處。**相較於過去，尋人的難度也降低了許多。**

托各位的福，我在十一年前有幸撰寫書籍出版，並至各地演講，也得以接收到許多對我感興趣者、與我的想法有共鳴者的回應。

不過，到了現代社會，任誰都能利用自己的Facebook傳達想法，甚至逆向回應其他人，讓我對現代社會的變化感到驚訝。

也拜Facebook所賜，讓我認識了重要的夥伴。

三重縣津市一處叫白山町的地方，有位繼承了妻子老家洋貨店「山町」的園佳士先生。這個地方充滿了濃厚的社區色彩，但因人口稀少、大型商店進駐，店鋪僅靠洋貨實在難以成長。

是否能靠著與當地顧客的牽絆創造新的事業呢？園先生動念一想，便考取了日本國內旅行業主任的資格，在洋貨店的一角開始販售旅遊商品。

不過，一開始完全賣不出去。

要怎麼樣才能賣出商品呢？園先生偶然讀到我的書，便將感想化為信件寄給我：「太感動了！請收我為您的弟子吧！」

然而，我也有工作要忙，還須指導公司的後輩。因此，就把這封信當成是一般的粉絲來信，沒有多作回應。

結果，園先生仍鍥而不捨地與我聯絡，我便打了一通電話給他。這才感受到對方的認真，要怎麼樣才能像我一樣呢？他似乎下定決心，不得到這個問題的答案就不會退讓。

我邀請他加入自己參加的讀書會，並建議他：「既然如此，就從模仿平田屋做起，提供特色服務吧！」

他也非常認真，並開始研究話術，更在洋貨店的一角開闢一處年長者可輕鬆聚集的空間，處處貼上過去旅遊時拍攝的照片，激發眾人的旅遊需求。自己帶團時，一下穿著婚紗、一下打扮成螃蟹的模樣逗旅客開心。我們原本只是偶爾會見個面的關係，但開始用Facebook後，卻能隨時給予對方各種建議，彼此的交流也更加密切。

起初，參加行程的旅客僅能坐約半台遊覽車，後來漸漸填滿遊覽車，甚至成長為一團二台、三台遊覽車的人數。整個行程宛如帶全町的年長者外出遠足，這樣的旅行社，我從來沒見過。

雖然園先生非常認真，但我從未見識過這般毫無極限的傻瓜。至今，他仍是我最得意的弟子。沒有Facebook，是沒辦法讓二個距離遙遠的人，建構出這般關係吧！時至今日，園先生的成功仍是我最大的驕傲。

不厭倦Facebook的活用法

最近常聽聞不少人厭倦Facebook，甚至再也不用了。雖然原因很多種、較為複雜，但我還是覺得很可惜。

我在使用Facebook時，有自己的一套基準。或許，這也正是消除「厭倦Facebook」的一大關鍵。

我經營Facebook的主要目的是尋人以及維持朋友間的聯繫，為此我也頻繁更新動態、回應好友。

我的目的絕對不是完全暴露自己的隱私，我也不會將Facebook當成自己的日記及「回憶的相簿」。我並不否定這樣的使用方式，但若非完全私人用的帳號，就無法這樣用。

我的Facebook就像是「平田屋今日菜色」般的存在。

請將我的Facebook想像成一間販售美味料理的小餐館，也是一間隨時都能推出不同菜色、每天去也不會膩的店家。我就是這家餐廳的老闆，Facebook就是店家的「菜單黑板」，將當日的菜色寫在黑板上。我就負責問著：客人們，今天想吃什麼呢？

小餐館老闆絕對不會只推出自己想吃的菜色，還會設計每天來吃也不會膩的不同變化、各種當季風味的菜色，希望治癒客人的身心、促進想像力，所有菜色都會站在客人的立場思考。我的Facebook動態也會以這樣的內容為目標，並不會為了記錄自己的生活及回憶，撰寫自己吃了什麼、去了哪裡、看了什麼，甚至是慢跑等資訊。這樣的話，就會變成僅推出自己想吃菜色的廚師而已。我的所有菜單都是為了眾人、為了社會所設計。

我使用Facebook的最大目的，不是為了自己的想法，而是透過動態尋求眾人意見、鼓勵大家討論，希望促進所有網友思考。

舉例來說，曾發生這樣的事情：結束行程，正要送旅客前往機場的遊覽車，在高速公路上被警車制止，說我們車子超速。不過，不快點到機場，旅客就會來不及搭上飛機了。

我對警察說：「我們違反規則固然須接受處分，但在遊覽車上的旅客必須趕去搭飛機，是否可以先登記車牌號碼或押駕照，讓我們趕往機場呢？畢竟旅客沒有錯吧？」沒想到，警察卻回我：「不行，搭乘這輛車的你們也有責任。」

各位怎麼想呢？我在Facebook上這麼問。不出一會時間，就獲得了數百個「讚」，並引來不少網友相繼回應。

「平田先生並沒有錯。」

「不，其實是日本旅行的行程太趕了吧？」

「時間應該要排得更充裕才對吧？」

……所有網友當場討論起來，可見大家的相法都互相激盪了。

就算沒有結論也行，是否能主張自己的意見也無所謂。光是來來回回地討論，就能與意氣相投者、有不同見識者、生活在不同世界、平常難以見到者互相溝通，讓社會變得更好，甚至還能開創新的視野。我也獲益良多，並對自己的見識淺薄感到羞恥，在回應中感謝眾人。

即使心情不佳、諸事不順，也不在網路上發表負面言論或批評，而是發表自己今後該如何改善，並向眾人尋求意見。此時，就會有許多網友協助、鼓勵我。請避免裝模作樣，不須矯揉造作，只要表現出自己的脆弱面即可。

而我也會竭盡所能地多作回應，希望帶給更多人活力。

怎麼樣呢？是否又對原本有些厭倦的Facebook重新燃起興趣了呢？

見面才能交流心意

我雖然沉浸於Facebook中，**但仍然認為Facebook只是一種「認識他人的手段」**。

Facebook固然是相當厲害的科技，但手段只是手段。

真正的價值，要從人與人實際見面後才能開始建立。在這之前，Facebook只是幫助我們從過往僅能認識自己方圓一公尺的朋友，到可以聯繫全世界的工具而已。

其根據就在於已然成為網路時代的今日，仍有「業務」這項工作。當然，與客戶的一些細節討論可透過電子郵件往來，但仍有許多人認為必須見到對方、與對方交談、握手，偶爾還可以一同喝酒、吃飯才能創造共同的價值，業務工作也因此延續至現代。

時至今日，人與人之間的相處仍是追求直接會面、交流內心，而我也覺

得這就是人類最原本的樣貌。

現在雖然是社群軟體的全盛時期，但雙方意氣相投後，還是需要見面、確認彼此適不適合，才能發現對方是否是自己命中注定之人。而這樣的人只會有一位，令人從見面之初就想擁抱對方。

我在平田屋想創造的，就是像這樣的事情。

旅遊一定會促使人與人接觸，我們也會走到旅客面前、看著對方雙眼、攬著對方肩膀，並與對方握手，感謝他前來參加旅遊。這是在網路上僅以低價格作為主要訴求的便宜旅遊團無法創造的價值。

而負責推出旅遊的幕後工作人員也是透過直接聯繫，才能創造出獨特、前所未見的旅遊行程。

無論是「報仇行程」還是「汪汪俱樂部」，都是一群志同道合的人才能催生出來的企劃。

參與「汪汪俱樂部」企劃的某旅行社山中小姐，曾在一次偶然的機會見到帶著狗狗一起搭飛機的人，於是靈機一動，不斷思考更多可能、創造人脈、多方嘗試，希望像自己一樣的愛犬家都可以和狗狗享受自由自在的旅程。山中小姐比我還年輕，是位充滿熱忱的人。

雖然山中小姐隸屬於其他旅行社，我們還是希望她可以實際加入平田屋的企劃會議，並請她說說自己的意見。

我們將她視為把狗狗看得與人類一樣重要的顧客，為了讓她和狗狗可以不斷出國旅遊，必須先創造、推廣「可和狗狗一同出外旅遊、在各地產生共同回憶」的新價值。

我們認為這個企畫是「為了狗狗，只好放棄長途旅遊」的愛犬家而設，不只是為了自己，更是為了社會、為了其他相同的人所努力。

她參與我們的會議，讓討論非常成功。

不斷湧出的創意、滿腔的熱情，例如可以設計這樣的企劃、有這樣的遊覽車公司及飯店、怎麼樣才能避免與討厭寵物的旅客發生衝突、可以結合什麼樣的活動……正是因為她有自己的堅持，才能完成這麼多事情，我們倒是聽得目瞪口呆。

不同於以往的創意就這樣誕生，而這個企劃如何打動人心，我也在先前的章節介紹過了，所有事物都是從直接會面、與對方握手所展開的。

現在，我們已經實現讓飼主帶著愛犬前往夏威夷旅遊的夢想。之後也許還能將目的地拓展到亞洲及歐洲各地，畢竟夢想是不斷成長的！

正是因為現在這個網路全盛時期，我才更希望推廣人與人能互相交流的旅遊，也想支持這樣的年輕人。當然，也想挑戰旅客夢想中的旅遊行程。

這就是我的夢想。

讓客人的笑臉成為自己的動力

希望推出前所未有的全新旅遊行程，讓眾人開心……我每天都在思考這些事情。某次，過去曾參加過行程的旅客對我說了這番話：

「我的丈夫病倒了，現在只能仰賴輪椅行動。之後無法參加平田先生的旅遊，他也非常難過……我想為他做點什麼，但應該很難辦到吧？」

聽到此言，我想自己一定要為他們做些什麼，便回答：

「我會拚命協助您們的，請安心參加吧。」

之後，這對夫妻參加了某個旅行團。

坐著輪椅的丈夫因為能參加原本認為只能放棄的行程，一臉開心。不過，太太完全相反，表情看來相當痛苦。原本應該充分享受的旅遊，她卻只能推著丈夫的輪椅到處走、協助丈夫用餐，就連泡湯時，也無法到旅館的浴場，只能讓丈夫浸泡房間內的浴缸。

夫婦倆就算參加了同樣的旅行團，感受卻有如天國與地獄之差別，令我大吃一驚。只能慶幸自己的雙親都還很健康，並未出現如此際遇。我根本無法想像這對夫妻的日常生活該怎麼度過。但既然難得出外旅遊，我仍希望讓旅客開心、看到所有人的笑臉，這也是導遊最純粹的心願。

某一天，我告訴宮根誠司先生這件事情。沒想到，宮根先生對我說：

「我有朋友是照護的專家，要不要和他談談？」

話中提到的是宮根先生的好朋友中村學先生。

中村先生原本是吉本興業的獨立藝人，是位充滿熱誠、活力充沛的人，目前則在自己的故鄉島根縣大田市擔任照護機構的所長。

中村先生為了照顧因腦中風而病倒的母親，才決定放棄吉本興業的藝人事業，回到島根縣開始照護工作。據說一開始也與母親發生不少衝突，每天都十分焦躁。之後才逐漸克服照護的辛苦，現在則透過全日本的演講活動，分享當時的經驗。他對著高齡者、一般民眾及身處照護工作現場的人員，將原本相當沉重的照護相關經驗，用歡笑、快樂、淺顯易懂及充滿活力、感動人心的方式說了出來。

我想，中村先生一定能充分了解我的想法，便決定和他商量。

接著，這樣的行程就誕生了。

這個行程由宮根先生負責製作、平田屋規劃，並由中村先生擔起照護事宜，名為「快GO Tour」。將日語的照護*化為快（快樂、舒適）GO（出發）的行程，是致力於滿足照護者及接受照護者的企劃。

老實說，這是平田屋未曾舉辦過的輪椅使用者特殊企劃，我非常擔心行程是否成功。這企劃在當時也是其他旅行社未曾設計過的行程，必須仔細確認成本核算、安全性、行程內容、看護工作、上下新幹線、露天浴場、所

*譯註：介護，日文發音與「快GO」類似。

有景點的環境（是否適合輪椅出遊）等條件，就連廁所等設施都讓我相當不安。不過，站在平田屋的立場，仍希望讓所有參加旅遊的人都能開心。結果……有勞宮根先生及中村先生的協助，整個行程非常成功。

有關「快GO Tour」的行程相關情況，已詳細記載於中村先生的著作《歡樂才能創造好的照護》。我還以對談者的身分出現於書內。書中包含病人踏入原本已放棄浸泡的露天浴場回憶、行程幕後的努力、滿是淚水的別離等過程。除了「快GO Tour」，還記載了原本無法步行者卻能正常行走的奇蹟故事、居家照護的壓力、給照護工作者的話等，全書非常有趣，讀起來也相當流暢。這是曾經歷過居家照護辛勞的中村先生最赤裸裸的經驗談，整本書充滿了令人雙眼為之一亮的價值觀，非常推薦大家。

之後，高齡少子化情況逐漸加劇，不少人也勢必經歷二十四小時照護工作。因照顧老人而疲憊不堪者、因照護的疲憊而與重要的家人不斷衝突者，想必之後只會變得更多。也有人為了剩餘性命不多的家人，希望為其創造人生最後的回憶。雖然問題仍有很多，但我仍想創造讓所有人能相信光明未來力量的旅遊。我很慶幸自己挑戰了這個「快GO Tour」，讓我重新學習到如何讓人開心、如何創造感動，以及不同立場、觀點的重要性。

我也更加確信，與不同的人互相交流，才能設計出創新的旅遊企劃。我還是會繼續追求讓眾人開心的旅遊行程，誰叫旅客的笑容就是我的動力呢！

平田式促進地方再生的技巧

除了照護以外，我還有好幾個夢想希望透過旅遊實現。

其中之一，便是協助日本的鄉下、地方復興。

我因工作的關係，必須找出日本各大觀光地的特色，推出各種企劃，並帶旅客前往參觀。

也因為這樣，讓我常接獲各地的問題，希望我提供地方復興的技巧。

日本許多地區的發展狀況日益下滑，已不須我多言。閒置率過高的商場、高齡少子化、人口過疏化以及溫泉街等觀光產業的衰退，構成地方發展不佳的負面原因不勝枚舉。

我也出身於日本的鄉下，為了協助故鄉的復興與日本的繁榮，我決定稍微談談較嚴肅的話題。

畢竟我必須代替旅客，找出讓旅客付錢也希望前往的地區，以及各地的特色經驗、價值。

簡單來說，只要是好的東西，就會有顧客購買，但不怎麼樣的東西就不會有人購買。

我們必須對參加行程的旅客負起責任，讓旅客產生物超所值的旅遊體驗，希望各位能知道我們如此認真看待這項工作。

首先，要促進地方發展，就須去除「當地觀點」。

決定這個地點、那個觀光景點好壞的，是付錢的人。這些人不願意付錢的最大原因，就是這些地點並未產生令人願意支付金額前往的價值。

為什麼會這樣呢？這是「當地觀點」所致。這個觀點甚至可用詛咒來形容也不為過。

無論是面子、阻礙，還是場面話，只要有了這些問題，就無法促進地方復興。也因為這些問題，才會讓不少地區只能推出若有似無的政策吧？

必須探討事物的本質，眾人卻不在乎討論內容是否理想，而是因「誰在說話」而決定好壞，當然會導致地方發展受阻了。

還那麼年輕，憑什麼一臉囂張地搶鋒頭……這類檯面下的紛爭及問題，對身處其外的人來說根本不重要。身處其外的人只期待來這裡可嘗試什麼特殊的事物、是否有新的體驗、是否有人可以告訴自己這些新知識、是否能玩得開心、是否覺得舒適，或是這個地方是否能打動人心等。

而判斷這些事物好壞的，百分之百都是前往該地的旅客。

就算原本是知名觀光地，只要毫不留意，覺得不管怎麼樣都會有旅客來這裡、我們這裡交通很方便所以沒問題，進而苟且行事，**不常提供令人感動、超出預料的服務，旅客也不會再來第二次。**最後，眾人只會對這個地方厭倦，讓當地荒廢。

若不仔細分析，了解現在到此處旅遊的旅客是否感到滿足，並對哪些部分不滿，就會陷入貧困的狀況。

只在當地組織內部討論，無法解決問題。

我覺得必須重視「年輕人、傻瓜及外人」，這些人才可以跳脫既定的阻礙及前例，創造出前所未有的創意。

沒有這些出人意表的想法，就不會有任何進步。討論出造成目前狀況的原因為何，才能脫離發展的危機。

我身兼鳥取縣倉吉、德島縣鳴門、故鄉奈良的橿原、大分縣日田、島根縣大田等五個地區的觀光大使，以及島根縣的「遣島使」。我能做到的，不僅是發揮觀光專業能力，還可以「外人」的身分，發表出人意表的想法。

若為了利益分配而爭論，是否先設定好一定的額度呢？使用輪椅者想浸泡露天浴場時，乾脆使用吊車吧！我追求的是這樣的創意。

重複相同的方式，只會捲入削價競爭，導致當地從觀光勝地戰爭中敗退，旅客的眼光是很敏銳的。

現在已經不是僅靠價格一決勝負的時代了。

接下來，我希望站在觀光業的角度，說明具體的復興方式。

我一直提倡**「建造具有意義的柱子」**觀點，若沒有任何吸引人特地前往該地的意義，就不會有旅客。一旦創造出前往該地的價值，也就是任何人都能感受到其魅力的多根柱子，就能吸引許多旅客前往。

平民美食可輕鬆品嚐，也是目前相當流行的風潮。不過，到處都有拉麵、咖哩等食物，已經無法仰賴這些餐點決勝負了。然而，只要美食中所使用的食材是當地的產物，並具有獨特的故事，就會改變眾人的想法。從單純的拉麵、咖哩，轉變為一窺當地歷史經驗、充滿想法、令人感動的產品。進而透過口耳相傳，成為古老產業或當地獨特的風俗。至於這些故事是否有趣，也必須經由外人的角度分析才行。

目前，國家也不斷推動「地區新生」。而政府觀光單位更趁著日圓貶值的情勢，在國內四處舉辦活動，希望吸引更多外國觀光客，也就是「境內觀光」風潮。

確實，亞洲各地的觀光客增加，讓日本觀光業產生新的可能。不過，仍有許多偏遠地區只聞其聲，不見其人。

畢竟外國觀光客到日本之初，只會去東京、京都、大阪等主要觀光地。這麼一來，其他地區難以推廣自己的魅力，就算想推廣也往往難有回應。

然而，多次造訪後，情況就不一樣了。

對於這些觀光客而言，不管是東北、關西，還是九州，日本的鄉下就是日本的鄉下。

他們追求的，是日本鄉下特有的美麗風景、溫泉、日式旅館及餐點的體驗等，讓他們可以體驗最真實日本的事物。要分辨東北、關西、九州的差異，就等這些觀光客多次造訪日本，並對日本充滿興趣後再談即可。但日本當地的生活風貌、全國共通的文化、風俗及禮儀，無論到了哪裡都大致相同。不妨思考看看，哪些事物對我們來說司空見慣，對外國人來說卻非常獨特的？如摺紙、浴衣、和服、風箏、煙火等。

既然有了這些事物，不妨增加多國語言的環境，創造各種主題公園，讓觀光客能體驗日本正統的文化及生活，並促進當地的發展。

想必一定會產生東京雄偉的外商旅館無法創造的體驗吧！下一次到日本，要住宿於麗池卡爾頓飯店，還是最近流行的〇〇地區一週留宿體驗呢？就用這種方式一決勝負吧。

最後，我想拜託各地區的政府首長一件事。

要突破目前的困境，一定會遭受偌大的壓力。我也很清楚這些障礙與困難，但身為政府的代表，請務必扮黑臉，做好備受責難也要不斷前進的覺悟。沒有人動身，就無法改變現況。只要有一人開始著手改變，且未搞錯事物的本質，就一定會有人跟隨自己。

接著，身為當地領導的首長們，請先踏出自己管理的地區，了解自己的故鄉在外有何評價，並親身體驗故鄉的特色。

這麼一來，大家就會抬頭挺胸說出：「我們的名產有這個和那個，觀光名勝是這裡！」當然，宣傳也是相當重要的工作。不過在這之前，地區的領導人不瞭解現實狀況，就會影響自己對故鄉的認知。

故鄉的名產是否在東京、大阪等地也能購買？這些名產是否早已擺放於批發市場內？問問走在超市內的家庭主婦，她們是否知道這些名產？

首長們也可到新宿、梅田等鬧區，直接詢問路上發傳單的人，看他們對自己的故鄉有什麼印象，想必會獲得許多「不清楚」的驚人反應。

這個現象令人遺憾，不過改變就必須從此做起。首長須親臨現場觀察、揮汗成為該地區的頂級銷售員，如此一來，無論是下屬還是當地民眾，都會看到首長的認真。

我身為觀光業的專家，也希望為各地區的將來盡一份心力。請各位也一同加油吧！

利用就業旅行支持年輕人！

我的夢想是透過旅遊支持年輕人，讓社會充滿活力。

以日本旅行為首的各大旅行社都是很受求職者歡迎的公司，不過通常進來公司三年左右，就會只剩下一半的人了。難得這些人可以成為自己的後輩，真令人難過。

離職者中，不乏求職時曾提過進入旅行社後，希望發揮自己喜愛旅遊的興趣推出各種企畫的人。很遺憾的，這種想法是嚴重的誤會。決定要去哪裡、欣賞美麗景色的，都是旅客。我們只是介紹人，只能盯著旅客的表情。

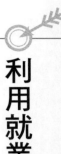

好不容易進入一家公司卻這麼快就離職的現象，其實不限於旅遊業。簡單來說，就像離婚的夫妻一樣，一開始就選了不適合的對象結婚。

就算說著「現在的年輕人不行啦」也無濟於事，我希望能讓學生實際到我們工作的場所參觀，作為求職時的參考，而非在講台上對著學生演講。因此，我們推出了當日來回、參加費僅須三千九百日圓的「就職行程」。這個行程獲得了報章雜誌的介紹，共有四十位學生報名參加。

行程開始時，我一如往常地充滿活力開口說：

「哎呀！真是謝謝各位前來參加這種無奈的行程。恭喜各位，今天是沒下雨也沒出太陽的多雲天氣！」

語畢，四十人哄堂大笑。接下來，才進入就職行程的正題。

「各位同學知道我剛才為什麼要這樣說嗎？請思考看看。」

這是一個劃時代的創意，可從開始工作前，就了解我們的作業過程及各種幕後故事。

首先，必須打破導遊與旅客間的隔閡。把自己化為一個傻瓜搞笑、犧牲自己、拚命努力才能打動人心，而這種努力的樣貌才是最美的畫面。光是這些內容就物超所值了吧？

到了午餐時間，我請三位學生到舞台後方，讓他們穿上平田屋最知名的女裝，體驗上場炒熱氣氛的「企劃」。

當他們聽到要戴上假髮、塗上腮紅、穿著旗袍炒熱氣氛，只有一頭霧水的反應。我只好逼著他們換裝陪酒，一開始，三人的臉宛如火燒地紅通通，但在眾人鼓掌下也逐漸適應，甚至還收到紅包呢。當其他的參加者希望「和我一起拍照！」時，也不會拒絕了。

到了回程時，我才在車上告訴大家扮女裝的奧祕。

我們的工作就是為了服務客人，進入旅行社的原因並非喜愛旅遊，而是為了服務喜愛旅遊的客人。

我說了一番了不起的話吧？這絕對是平田屋行程中相當物超所值的一項產品。

之後，其中一位扮女裝的學生告訴我以下故事。

原本只是為了賺取時薪才到便利商店打工，卻因為參加了行程改變觀點，開始思考「可以為客人做些什麼？」

如此一來，這位學生自然就對客人道謝、對一直購買酒的客人說：「不要喝太多喔！」對常見到的客人說「一直以來謝謝您了」、「今天好冷啊」等話語，希望傳達自己的心意。

沒想到，客人們刻意排在他的收銀檯前等待結帳。就算便利商店加開收銀台，也有客人表示想和該學生說話，所以願意等。這位學生徹底感受到商品的價值會因購買者而異，見到顧客的臉也覺得萬分感激。

順帶一提，他最後突破重重難關，進入大阪的民間電視台工作了！給我等一等，我當初也想進去那家電視台耶！

平田屋可抑制少子化

最後，我想談談與地區復興息息相關、可預防少子化的「相親行程」。我真的對這個頗具自信，認為這個行程可改善少子化問題。

偏遠鄉鎮的最大問題之一，就是缺乏可結婚的女性。我擔任觀光大使的鳥取縣倉吉市，就與我商量，希望有所改變。

說到防止少子化或增加新娘人選，是有點誇張了。我以時下流行的聯誼行程、婚活行程*等形式稍微思考了新行程。

為了減輕參加者的負擔，還請市政府提供補助，二天一夜的行程僅須七千五百日圓，簡直是驚人的破盤價。從大阪搭遊覽車前往當地時，就請當地人士一同介紹倉吉的特色、名勝古蹟、文化以及許多居住於當地的優點。

*譯註：「結婚活動」的簡稱。

接著，再發下於倉吉等候參加者的男性介紹書，所有參加者的眼神都相當認真。

到了當地，則由市長、吉祥物及現場演奏的音樂迎接眾人。當然，所有男性也等候已久。

首先是午餐時間「愛的迴轉壽司」，大家一面用餐，一旦時間鈴響，所有人就一一換座位，讓每位男女都能面對面自我介紹。接下來，再前往以占卜聞名的寺廟，並透過占卜的結果，偷偷得知今日的參加者對誰最感興趣。

最後，終於前往旅館內的主要活動會場，開始自由活動時間。當眾人一面品嚐輕食、一面談天時，我們也突然舉辦眾所期待的告白活動。

沒想到，各二十位的男女中，當天就出現了十對情侶，真是令人訝異的結果。

隔天就立即展開第一次約會，讓每位參加者享受製作蕎麥麵體驗，並結束了這趟行程。

最後，其中一組情侶真的修成正果，就連市長也相當開心。當地也來了年輕人，甚至還可能有新生命誕生。若沒有這個旅遊，一定不會有這番良緣，據說原本已經放棄結婚想法的女性也十分欣喜。

之後，我們又在兵庫縣智頭、佐用町舉辦了相同的企劃。這次我產生了自信，甚至還扮演愛的丘比特。

「你最喜歡的是誰？好，我懂了！我會處理的。」

佐用町內有座當地人相當引以為傲的天文台，我們讓互有好感的男女單獨進入其中，讓二人在黑暗中牽起手來。畢竟心意相通要從握手做起嘛！

這一位參加者之後也成功結婚了。

透過這些行程，我似乎變成以前多管閒事的歐巴桑了。

以前鄰居中一定有這種喜愛道人長短、多管閒事的歐巴桑，介紹一對又一對的羞怯男女。這些歐巴桑其實意外地了解眾人個性及適合度，並妥善介紹每一對男男女女。

最近，大家不僅對自治會或町內組織的活動毫不關心，就連公寓隔壁鄰居是誰都不知道了。

但在這些人當中，也有不少希望結婚者、為了心愛的故鄉所努力者、希望為了故鄉做點什麼的人，以及完全成為多管閒事阿伯的我存在。

只要集合眾人的想法，就連少子化問題也能迎刃而解。當然，旅遊行程也能成為各地公共團體的嶄新行銷手法。

我對這些夢想越來越有自信了，甚至感到自負，認為自己這麼喜歡導遊這工作的原因**就是「對買家、賣家及社會都有益」的想法，已逐漸成形。**

最後，還是要恭喜大家！

國家圖書館出版品預行編目資料

年業績八億日圓的導遊教你虜獲人心的奧祕 / 平田進也著 ; 林倩伃譯. -- 初版. --
臺北市 : 商周出版 : 家庭傳媒城邦分公司發行, 民105.03
面 ;　公分. -- (新商業 ; 583)
譯自 : カリスマ添 員が教える人を虜にする極意
ISBN 978-986-272-999-1(平裝)
1.職場成功法 2.人際關係
494.35　　105002717

年業績八億日圓的導遊教你虜獲人心的奧祕

原著者　平田進也
譯者　林倩伃
企劃選書　李韻柔
責任編輯　李韻柔
版權　翁靜如、吳亭儀、林宜薰、黃淑敏
行銷業務　張倚禎、石一志
總編輯　陳美靜
總經理　彭之琬

發行人　何飛鵬
法律顧問　台英國際商務法律事務所 羅明通律師
出版　商周出版
臺北市中山區民生東路二段141號9樓
電話：（02）2500-7008　傳真：（02）2500-7759
E-mail：bwp.service@cite.com.tw
發行　英屬蓋曼群島商家庭傳媒股份有限公司　城邦分公司
台北市104民生東路二段141號2樓
電話：(02)2500-0888　傳真：(02)2500-1938
讀者服務專線：0800-020-299　24小時傳真服務：02-2517-0999
讀者服務信箱：service@readingclub.com.tw
劃撥帳號：19833503
戶名：英屬蓋曼群島商家庭傳媒股份有限公司城邦分公司
訂購服務　書虫股份有限公司客服專線：(02)2500-7718；2500-7719
服務時間：週一至週五上午09:30-12:00；下午13:30-17:00
24小時傳真專線：(02)2500-1990；2500-1991
劃撥帳號：19863813　戶名：書虫股份有限公司
香港發行所　城邦（香港）出版集團有限公司
香港灣仔駱克道193號東超商業中心1樓
電話：（852）2508-6231　傳真：（852）2578-9337
E-mail：hkcite@biznetvigator.com
馬新發行所　城邦（馬新）出版集團
【Cite（M）Sdn.Bhd.（458372U）】
11, Jalan 30D/146, Desa Tasik, Sungai Besi,
57000 Kuala Lumpur, Malaysia
電話：（603）9056-3833　傳真：（603）9056-2833
印刷　韋懋實業有限公司
總經銷　聯合發行股份有限公司　電話：(02)2917-8022　傳真：(02)2911-0053
新北市231新店區寶橋路235巷6弄6號2樓

ISBN 978-986-272-999-1（平裝）
2016年（民105）3月初版

定價／300元